石油工人技术问答系列丛书

钻井井控技术问答

杨保林　张发展　编

石油工業出版社

内 容 提 要

本书采用灵活的问答形式，结合企业现场培训实践，介绍了钻井井控技术的相关知识，包括钻井井控技术、钻井井控装备、硫化氢防护等，内容丰富，实用性强。

本书适用于油田员工的培训，也可作为相关员工的自学用书。

图书在版编目（CIP）数据

钻井井控技术问答 / 杨保林，张发展编 .
北京：石油工业出版社，2012.10
（石油工人技术问答系列丛书）
ISBN 978-7-5021-9276-1

Ⅰ．钻…
Ⅱ．①杨…②张…
Ⅲ．油气钻井 - 井控 - 问题解答
Ⅳ．TE921-44

中国版本图书馆 CIP 数据核字（2012）第 211960 号

出版发行：石油工业出版社
（北京安定门外安华里 2 区 1 号　100011）
网　址：http://pip.cnpc.com.cn
编辑部：（010）64523582　发行部：（010）64523620
经　销：全国新华书店
印　刷：北京中石油彩色印刷有限责任公司

2012 年 10 月第 1 版　2012 年 10 月第 1 次印刷
787 × 1092 毫米　开本：1/32　印张：4.625
字数：100 千字

定价：10.00 元
（如出现印装质量问题，我社发行部负责调换）

出版者的话

技术问答是石油石化企业常用的培训方式——在油田，由于石油天然气作业场所分散，人员难以集中考核培训，技术问答可以克服时间和空间的限制，随时考核员工知识掌握程度；在石化企业，每个装置的操作间都设置了技术问答卡片，这已成为企业日常管理、日常培训的一部分；此外，技术问答也是基层企业岗位练兵的主要训练方式。

技术问答之所以成为企业常用的培训方式，它的优点是显而易见的。第一，技术问答把员工应知应会知识提纲挈领地提炼出来，可以有助于员工尽快掌握岗位知识；第二，技术问答形式简明扼要，便于员工自学；第三，技术问答便于管理者对基层员工进行培训和考核。但我们也注意到，目前，基层企业自己编写的技术问答还有很多的局限性，主要表现在工种覆盖不全面、内容的准确性权威性不够等方面。针对这一情况，我们经过广泛调研，精心策划，组织了一批技术水平高超、实践经验丰富的作者队伍，编写了这套《石油工人技术问答系列丛书》，目的就在于为基层企业提供一些好用、实用、管用的培训教材，为企业基层培训工作提供优质的出版服务，继而为集团公司三支人才队伍建设贡献绵薄之力。

衷心希望广大员工能够从本书中受益，并对我们提出宝贵意见和建议。

石油工业出版社

前　言

20世纪60年代以来，我国各大油田普遍采用技术问答的形式来提高石油工人的职业技术水平。在一问一答中，工人可以迅速掌握岗位基本理论技能，然后再及时回到实践中检验总结。通过这种短小精悍、喜闻乐见的形式，既培养了工人的学习兴趣，又提高了他们的工作热情。

然而随着经济的发展，科学技术不断进步，石油技术也发生了日新月异的变化。为了顺应技术发展的大方向，帮助油田工人尽早熟悉最新钻井相关技术，传承并发扬石油工人勤奋好学、与时俱进的光荣传统，我们按石油工业出版社要求编写了《钻井井控技术问答》一书，以期与石油同仁共同学习、共同进步。

本书分为3个部分，包括钻井井控技术、钻井井控装备、硫化氢防护的相关知识。

本书在编写过程中，查阅了大量原始技术资料，由杨保林和张发展编写，各级领导也对本书的编写给予了大力的支持和协助。

由于编者水平有限，本书在编写过程中难免会有不足之处，敬请有关专家、学者以及同事批评指正，以便今后不断修改完善。

编者

2012 年 4 月

目　录

第一部分　钻井井控技术

1. 什么是井控？

答：井控，即压力控制，就是要采取一定的方法平衡地层孔隙压力，基本上保持井内压力平衡，保证作业的顺利进行。

2. 什么是一次井控？

答：一次井控，也称初级井控，是指采用合理的钻井液密度来实现井内压力平衡的过程。

3. 做好一次井控的关键是什么？

答：(1) 钻前要准确预测地层压力、地层破裂压力、地层坍塌压力，确定合理的井身结构和钻井液密度。

(2) 钻井过程中，做好随钻地层压力监测工作，根据监测结果，及时调整钻井液密度，结合地层实际承压能力，完善井身结构和工艺技术。

4. 什么是二次井控？

答：二次井控是指当井内钻井液密度不能平衡地层压力时，依靠地面设备和适当的井控技术恢复井内压力平衡的工作过程。

5. 二次井控的核心是什么？

答：及早发现溢流，及时准确关井，正确实施压井。

6. 什么是三次井控？

答：三次井控是指二次井控失败，井涌量增大，失去控制发生井喷时，依靠井控设备和井控技术恢复对井的控制，达到初级井控状态的过程。

7. 什么是井侵？

答：井侵是指地层孔隙压力大于井底压力时，地层孔隙中的流体（油、气、水）侵入井内的现象。

8. 什么是溢流？

答：溢流是指井口返出的钻井液的量比泵入的钻井液的量多，停泵后井口钻井液自动外溢的现象。

9. 什么是井涌？

答：井涌是指钻井液涌出井口的现象。

10. 什么是井喷？

答：井喷是指地层流体（油、气、水）无控制地涌入井筒，喷出地面的现象。

11. 什么是地上井喷？

答：地上井喷是指流体由地层经井筒喷出地面的现象。

12. 什么是地下井喷？

答：地下井喷是指流体从井喷地层流入其他低压层的现象。

13. 什么是井喷失控？

答：井喷失控是指井喷发生后，无法用常规方法控制井口而出现敞喷的现象。

14. 井喷失控有哪几种表现形态？

答：井喷失控有环空失控、管柱内失控、地面失控、地下失控四种表现形态。

15．决定溢流严重程度的主要因素是什么？

答：地层允许流体流动的条件和井底压力与地层压力的差值。

16．决定地层流体流动条件的主要因素是什么？

答：地层的渗透率、孔隙度以及裂缝大小和连通情况。

17．与井控相关的地质设计缺陷有哪些？

答：(1) 未提供三个压力剖面，特别是无准确的地层压力资料；

(2) 未提供施工井周边注水井的压力及注水量；

(3) 未提供施工区域浅气层和以往所发生的井喷资料；

(4) 未提供施工井周边地面和地下设施情况。

18．与井控相关的工程设计缺陷有哪些？

答：(1) 钻井液密度不合理；

(2) 井身结构不合理；

(3) 井控装置设计不合理；

(4) 加重料储备及加重能力不符合要求；

(5) 井控技术措施针对性、可操作性差。

19．井喷失控有什么危害？

答：(1) 打乱全面的正常工作秩序，影响全局生产；

(2) 使钻井事故复杂化；

(3) 极易引起火灾和地层塌陷，影响周围千家万户的生命安全，造成环境污染；

(4) 伤害油气层，破坏地下油气资源；

(5) 致使机毁人亡和油气井报废，造成巨大的经济损失；

(6) 涉及面广，在国际、国内造成不良的社会影响。

20．什么是一级井喷事故？

答：海上油（气）井发生井喷失控；陆上油（气）井发

生井喷失控，造成超标有毒有害气体逸散，或窜入地下矿产采掘坑道；发生井喷并伴有油气爆炸、着火，严重危及现场作业人员和作业现场周边居民的生命财产安全。

21．什么是二级井喷事故？

答：海上油（气）井发生井喷；陆上油（气）井发生井喷失控；陆上含超标有毒有害气体的油（气）井发生井喷；井内大量喷出流体对江河、湖泊、海洋和环境造成灾难性污染。

22．什么是三级井喷事故？

答：陆上油气井发生井喷，经过积极采取压井措施，在24h内仍未建立井筒压力平衡，中国石油天然气集团公司直属企业难以在短时间内完成事故处理的井喷事故。

23．什么是四级井喷事故？

答：发生一般性井喷，中国石油天然气集团公司直属企业能在24h内建立井筒压力平衡的事故。

24．井控工作包括哪些内容？

答：井控工作包括井控设计、井控装置、钻开油气层前的准备工作、钻开油气层和井控作业、防火防爆防硫化氢的安全措施、井喷失控的处理、井控技术培训和井控管理制度等方面。

25．什么是积极井控？

答：积极井控，即思想到位、装备到位、措施到位、执行到位、主动关井、积极控制，也就是主动应用井控装置，提前采取井控措施，活用井控技术，消除井控风险，既能保证井控安全，又能解放机械钻速，及时发现和保护油气层。

26．在现场工作中如何落实“积极井控”理念？

答：（1）要破除担心误操作和粘卡钻具等错误观念，坚

持“发现溢流立即关井、疑似溢流关井检查、预测溢流关井循环”的关井原则，及时主动关井。

(2) 进入目的层和钻开浅气层后，在起钻前、下钻中途、下钻到底、短起下钻以及气测异常时，提前关封井器、通过节流管汇和泥浆回收管线循环。

(3) 积极利用录井资料，尽早发现井筒流体性质变化和压力异常，减少井控遭遇战。

27. 什么是静液压力？影响静液压力的因素是什么？

答：静液压力是指单位面积上由静止液体的重量所产生的压力。影响静液压力的因素是液体密度和液体的垂直高度。

28. 静液压力如何计算？

答：静液压力（Pa）＝液体密度（kg/m^3）×9.8（m/s^2）×液柱的垂直高度（m）。

29. 什么是压力梯度？

答：压力梯度是指单位垂深压力的变化量。

30. 什么是流体当量密度？

答：流体当量密度是指把某点压力折算成由相同数值的静液压力在该点所需具有的流体密度。

31. 什么是压力系数？

答：压力系数是指某点压力与该点水柱静压力之比。

32. 压力有哪几种表示方法？

答：(1) 用压力单位表示；

(2) 用压力梯度表示；

(3) 用流体当量密度表示；

(4) 用压力系数表示。

33. 压力梯度与流体当量密度如何转化？

答：压力梯度 Pa/m= 流体当量密度 $kg/m^3 \times 9.8m/s^2$。

34. 什么是地层压力，正常压力地层和异常压力地层如何界定？

答：地层压力是指地下岩石孔隙内的流体压力，也称孔隙压力。一般认为地层压力梯度在 9.8 ~ 10.5kPa/m 之间，或当量地层流体密度在 1.0 ~ $1.07g/m^3$ 之间的地层称为正常压力地层。

35. 什么是上覆岩层压力？

答：上覆岩层压力是指某深度以上的岩石基质和孔隙中流体的总质量对该深度所形成的压力。

36. 什么是基岩应力？

答：基岩应力是指由岩石颗粒间相互接触所支撑的那部分上覆岩层压力，又称岩石结构应力或颗粒间压力。

37. 上覆岩层压力与地层压力之间有什么联系？

答：上覆岩层压力 = 地层压力 + 基岩应力。

38. 什么是地层坍塌压力？

答：液柱压力由大向小到一定程度时井壁岩石发生剪切破坏造成井眼坍塌时的液柱压力。

39. 什么是地层漏失压力？

答：地层漏失压力是指某一深度地层产生钻井液漏失时的压力。

40. 什么是地层破裂压力？

答：地层破裂压力是指某一深度地层发生破碎和裂缝时所能承受的压力。

41. 什么是压力损失？

答：压力损失是指流体在运动过程中由于摩擦等因素而

引起的压力降低值。

42. 压力损失的大小影响因素有哪些？

答：流体性能（密度、粘度）、管路结构及尺寸、流体排量。

43. 常规钻井时，钻井液在循环中大部分压力损失发生在哪些部位？

答：钻柱内和钻头喷嘴处。

44. 什么是抽汲压力？

答：抽汲压力是指起钻作业时，由于钻井液的运动而引起井内压力瞬时降低值。

45. 一般情况下，抽汲压力当量钻井液密度为多少？

答：抽汲压力当量钻井液密度为 0.03 ～ $0.13g/m^3$。

46. 什么是激动压力？

答：下管柱作业过程中，由于钻井液运动而引起的井内压力瞬时增加的值。

47. 影响抽汲压力和激动压力的因素有哪些？

答：(1) 管柱的起下速度；

(2) 钻井液性能（密度，粘度、静切力）；

(3) 管柱尺寸、结构及在井内长度；

(4) 环空间隙；

(5) 钻头或扶正器的泥包程度。

48. 什么是井底压力？井底压力由哪些压力组成？

答：井底压力是指地面和井内各种压力作用在井底的总压力，井底压力由静液压力、流动阻力、抽汲压力、激动压力以及地面回压组成。

49．常见钻井作业工况下井底压力如何确定？

答：(1) 静止时：井底压力＝环空静液压力；

(2) 正常循环时：井底压力＝环形空间静液压力＋环空压力损失；

(3) 起钻时：井底压力＝环空静液压力－抽汲压力；

(4) 下钻时：井底压力＝环空静液压力＋激动压力；

(5) 关井时：井底压力＝环空静液压力＋井口回压；

(6) 节流循环时：井底压力＝环空静液压力＋环空压力损失＋节流回压。

50．在相同参数时，哪种工况下的井底压力最小？

答：起钻时。

51．什么是井底压差？

答：井底压差是指井底压力与地层压力之差，即：井底压差＝井底压力－地层压力。

52．井底压差过大时有哪些危害？

答：(1) 堵塞油气层的缝隙；

(2) 对油、气流产生“水锁效应”；

(3) 降低机械钻速；

(4) 易造成粘附卡钻；

(5) 易发生井漏；

(6) 易造成泥质吸水膨胀，堵塞油、气通道。

53．钻井液密度安全附加值是如何规定的？

答：钻井液密度以各裸眼井段中的最高地层孔隙压力当量钻井液密度值为基准，另加一个安全附加值：

(1) 油井、水井为 0.05 ~ 0.10g/cm^3 或增加井底压差 1.5 ~ 3.5MPa；

(2) 气井为 0.07 ~ 0.15g/cm^3 或增加井底压差 3.0 ~

5.0MPa。

54. 选择钻井液密度安全附加值时，应考虑哪些因素？

答：(1) 地层孔隙压力预测精度；

(2) 油层、气层、水层的埋藏深度；

(3) 地层油气中硫化氢的含量；

(4) 地应力和地层破裂压力；

(5) 井控装置配套情况。

55. 什么是近平衡钻井？

答：近平衡钻井是指压差值在安全附加值范围内的过平衡钻井。

56. 近平衡钻井有什么优点？

答：(1) 避免堵塞油气缝隙，有利于发现与保护油气层；

(2) 提高机械钻速；

(3) 防止粘附卡钻；

(4) 防止井漏。

57. 地层压力检测有什么目的及意义？

答：(1) 关系到快速、安全、低成本的作业甚至钻井的成败；

(2) 关系到正确合理地选择钻井液密度，设计合理的井身结构和井控设备；

(3) 关系到更有效地开发、保护和利用油气资源。

58. 一般形成异常高压地层应具备哪些条件？

答：(1) 有相应的地层流体储存空间；

(2) 有低渗透或不渗透的圈闭层；

(3) 有相应的上覆岩层压力。

59. 圈闭层的作用是什么？

答：阻隔地层流体与外界连通，而保持较高的压力状态。

60. 形成异常压力的原因有哪些？

答：压实作用、构造运动、成岩作用、密度差作用、流体运移作用、水热增压、盐丘与盐层。

61. 什么是浅层充压？

答：浅层充压是指从深层油藏向较浅层的向上运动的流体导致浅层变成异常压力层的现象。

62. 盐岩有什么特点？

答：(1) 不渗透；

(2) 易溶解并以不同形状再结晶。

63. 检测异常地层压力的原理是什么？

答：压实理论：随着深度的增加，压实程度增加，孔隙度减小。

64. 钻井前预测地层压力常用的有哪两种方法？

答：(1) 参考邻井资料；

(2) 参考地震资料。

65. 页岩密度法检测异常高压地层的基本原理是什么？

答：一般随埋藏深度增加得到压实的页岩地层，其孔隙度将逐渐减小而密度递增。但因为异常高压妨碍压实的缘故，使高压页岩地层较正常压实的地层疏松，密度低偏离了正常增加的变化趋势。

66. 地层强度试验的目的是什么？

答：(1) 了解套管鞋处地层破裂压力值；

(2) 钻开高压油气层前了解上部裸眼地层的承压能力。

67. 地层强度试验的方法有哪几种？

答：地层破裂压力试验、地层漏失压力试验、地层承压能力试验。

68. 为什么对脆性岩层不做破裂压力试验？

答：脆性岩层做破裂压力试验时在其开裂前变形很小，一旦被压裂则承压能力会显著下降。

69. 如何进行地层漏失压力试验？

答：试验前确保井内钻井液性能均匀稳定，上提钻头至套管鞋内并关闭防喷器。试验时缓慢启动泵，以小排量（0.8 ~ 1.32L/s）向井内注入钻井液，每泵入 80L 钻井液（或压力上升 0.7MPa）后，停泵观察 5min。如果压力保持不变，则继续泵入，重复以上步骤，直到压力不上升或略降为止。

70. 什么是地层承压能力试验？

答：地层承压能力试验是指在打开高压油气层前，用打开高压油气层的钻井液密度进行循环，确定上部裸眼地层是否会发生漏失所进行的实验。

71. 在何处需进行地层承压能力试验？

答：一般在进入油气层前 50 ~ 100m 进行地层承压能力试验。

72. 井控设计包括哪些内容？

答：井控设计包括满足井控安全和环保要求的钻前工程及合理的井场布置、全井段的地层孔隙压力和地层破裂压力剖面、钻井液设计、合理的井身结构、井控装备设计及应急计划等内容。

73. “三高”油气井是指哪三高？

答：“三高”油气井是指高压油气井、高含硫油气井、高危地区油气井。

74. 什么是高压油气井？

答：高压油气井是指以地质设计提供的地层压力为依据，当地层流体充满井筒时，预测井口关井压力可能达到或超过 35MPa 的井。

75. 什么是高含硫油气井？

答：高含硫油气井是指地层天然气中硫化氢含量高于 150mg/m^3（100ppm）的井。

76. 什么是高危油气井？

答：在井口周围 500m 范围内有村庄、学校、医院、工厂、集市等人员集聚场所，油库、炸药库等易燃易爆物品存放点，地面水资源及工业、农业、国防设施（包括开采地下资源的作业坑道），或位于江河、湖泊、滩海和海上的含有硫化氢［地层天然气中硫化氢含量高于 15mg/m^3（10ppm）］、一氧化碳等有毒有害气体的井。

77. 布置井场时，对井场大门方向有什么规定？

答：大门方向应考虑风频、风向，大门方向应背向季节风。含硫油气井大门方向，应面向盛行风。井场道路应从前方进入，大门方向应面向进入井场道路。

78. 地质设计时，对井位选定有什么要求？

答：(1) 油气井井口距高压线及其他永久性设施应不小于 75m；

(2) 距民宅应不小于 100m；

(3) 距铁路、高速公路应不小于 200m；

(4) 据学校、医院及大型油库等人口密集、高危场所应不小于 500m。

79. 高含硫油气井井位有什么特殊要求？

答：高含硫油气井井位应选择在以井口为圆心、500m

为半径的范围内无常驻人口以及工农业设施的地方，或在井位选定后遣散和撤去500m范围内的常驻人口以及公用、民用等设施。

80．从井控角度看，地质设计应包括哪些内容？

答：(1) 全井段地层孔隙压力、地层破裂压力和地层坍塌压力的剖面图；

(2) 本区块地质构造图（包括全井段的断层展布）、邻井井身结构、水泥返高、固井质量及邻井注采层位和动态压力等资料；

(3) 浅气层、浅部淡水层的相关资料；

(4) 对高含硫油气井井位周边3km范围内的居民、工业、国防及民用设施、道路、水系、地形地貌等进行细致的描述，并在井位详图上明确标注其具体位置。

81．对油气井井口之间的距离有什么要求？

答：一般油气井井口与任何井井口之间的距离应不小于5m；高压、高含硫油气田的油气井井口与其他任何井井口之间的距离应大于钻进本井所用钻机的钻台长度，但最小不能小于8m。

82．对表层套管下深及水泥返高有什么要求？

答：表层套管下深应满足井控安全、封固浅水层、疏松地层、砾石层的要求，且其坐入稳固岩层应不少于10m，固井水泥应自环空返至地面。

83．裸眼井段不同压力系统的压力梯度差值最大为多少？

答：裸眼井段不同压力系统的压力梯度差值最大为0.3MPa/100m。

84．在矿产采掘区钻井时，对井筒有什么要求？

答：在矿产采掘区钻井，井筒与采掘坑道、矿井坑道之间的距离不少于100m，套管下深应封住开采层并超过开采段100m。

85．对技术套管的水泥返高有什么要求？

答：(1) 水泥应返至套管中性（和）点以上300m；

(2)“三高”油气井的技术套管水泥应返至上一级套管内或地面。

86．对油层套管的水泥返高有什么要求？

答：水泥应返至技术套管内或油、气、水层以上300m，“三高”油气井应使固井水泥返到上一级套管内，并且其形成的水泥环顶面应高出已经被技术套管封固了的喷、漏、塌、卡、碎地层以及全角变化率超出设计要求的井段以上100m。

87．对一般油气井地质设计和工程设计的单位和设计人员有什么要求？

答：地质设计和工程设计，应由具有相应资质的专业设计单位或部门进行设计。设计人员应具有现场工作经验和相应专业中级技术职称，设计审核人员应具有相应专业的高级技术职称，设计应由建设方相应专业管理部门的总工程师或技术主管领导批准。

88．对“三高”油气井的设计单位资质有什么要求？

答：从事“三高”井设计的单位必须具备甲级设计资质。

89．对高压、高含硫油气井的地质设计和工程设计的单位和设计人员有什么要求？

答：应具有相应资质的专业设计单位或部门，设计人员应具有现场工作经验和相应专业的高级技术职称，设计应由具有相应专业教授级技术职称或本企业级以上的技术专家审

核，设计应由建设方总工程师或技术主管领导批准。

90．地层流体向井眼内流动必须具备哪两个条件？

答：(1) 井底压力小于地层流体压力；

(2) 地层具有允许流体流动的条件。

91．溢流发生的主要原因是什么？

答：(1) 起钻时，未及时往井内灌满钻井液；

(2) 较大的抽汲压力；

(3) 钻井液密度不够；

(4) 地层漏失；

(5) 地层压力异常。

92．起钻灌钻井液应遵循什么原则？

答：(1) 至少每起出 3 ~ 5 个立根的钻杆，或起出一个立根的钻挺时，就需要检查一次灌入的钻井液量，保证灌入的体积等于起出管柱的体积。灌钻井液前决不能让井内的液面下降超过 30m；

(2) 应当通过灌钻井液的管线向井内灌钻井液，不能用压井管线灌钻井液；

(3) 灌钻井液管线在防溢管上的位置不能与井口防溢管的出口管同一高度。

93．水眼堵塞时，灌入钻井液量应如何确定？

答：水眼堵塞时，灌入钻井液体积应等于起出钻具的排替量与内容积之和。

94．可以用哪些装置对灌入的钻井液体积进行测量？

答：(1) 钻井液补充罐；

(2) 泵冲数计数器；

(3) 流量表；

（4）钻井液池液面指示器。

95．简述减少循环漏失至最小程度的一般原则。

答：（1）设计好井身结构，正确确定下套管深度；

（2）试验地层，测出地层的压裂强度；

（3）在下钻时将激动压力减少到最低程度；

（4）保持钻井液处于良好状态，使钻井液的粘度和静切力维持在最佳值。

96．造成钻井液密度下降的原因有哪些？

答：（1）油气侵入钻井液；

（2）钻井液稀释；

（3）钻井液中絮凝剂未经固控系统处理；

（4）水泥候凝时，水泥浆失重；

（5）注水泥时，隔离液控制不合理。

97．在哪些情况需进行短程起下钻检查油气侵和溢流？

答：（1）钻开油气层后第一次起钻前；

（2）溢流压井后，起钻前；

（3）钻开油气层井漏堵漏后或尚未完全堵住起钻前；

（4）钻进中曾发生严重油气侵但未溢流，起钻前；

（5）钻头在井底连续长时间工作后中途需起下钻划眼修整井壁时；

（6）需长时间停止循环进行其他作业（电测、下套管、下油管、中途测试等）起钻前。

98．如何进行短程起下钻？

答：（1）一般情况下试起 10 ~ 15 柱钻具，再下入井底循环观察一个循环周，若钻井液无油气侵，则可正式起钻；否则，循环排除受侵污的钻井液并适当调整钻井液密度后再

起钻；

(2) 特殊情况时（需长时间停止循环或井下复杂时），将钻具起至套管鞋内或安全井段，停泵观察一个起下钻周期或停泵所需的等值时间，再下回井底循环一周，观察一个循环周。若有油气侵，应调整处理钻井液；若无油气侵，便可正式起钻。

99. 起、下钻中防止溢流、井喷的技术措施有哪些？

答：(1) 保持钻井液有良好的造壁性和流变性；

(2) 起钻前充分循环井内钻井液，使其性能均匀，进出口钻井液密度差不大于 $0.02g/cm^3$；

(3) 起钻中严格按规定及时向井内灌满钻井液，并做好记录、校核，及时发现异常情况；

(4) 钻头在油气层中和油气层顶部以上 300m 井段内起钻速度不得超过 0.5m/s；

(5) 在疏松地层，特别是造浆性强的地层，遇阻划眼时应保持足够的流量，防止钻头泥包；

(6) 起钻完应及时下钻，不应在空井情况下进行设备检修。

100. 钻进时溢流的直接显示是哪些？

答：(1) 循环罐钻井液面有升高的现象；

(2) 出口管钻井液流速增加；

(3) 停泵后出口管钻井液外溢。

101. 钻进时溢流的间接显示有哪些？

答：(1) 钻速加快或放空；

(2) 泵压下降，泵冲增加；

(3) 蹩钻、跳钻，钻具悬重发生变化；

(4) 钻井液性能变化；

(5) 岩屑尺寸加大并多带棱角；

(6) 气测烃类含量增加或氯根含量增高；

(7) *dc* 指数减小。

102. 为什么钻遇异常高压地层钻速会加快？

答：在异常高压地层，地层空隙度大，破碎单位体积岩石所需能量小，再加上压差减小，有利于清洁井底，所以钻速会加快。

103. 钻速突快的标准是什么？

答：钻时比正常钻时快 1/3。

104. 遇到钻速突快，应如何处置？

答：进尺不能超 1m，地质录井人员应及时通知司钻停钻观察。

105. 下钻时溢流的显示有哪些？

答：(1) 返出的钻井液体积大于下入钻具的体积；

(2) 下放停止接立柱时，井眼仍外溢钻井液；

(3) 井口不返钻井液，井口液面下降。

106. 起钻时溢流的显示有哪些？

答：(1) 灌入井内的钻井液体积小于起出钻柱的体积；

(2) 停止起钻时，出口管外溢钻井液；

(3) 钻井液灌不进井内，钻井液池液面不减少或者升高。

107. 空井时溢流的显示有哪些？

答：(1) 出口管外溢钻井液；

(2) 钻井液池液面升高；

(3) 井口液面下降。

108. 简述及早发现溢流的重要性。

答：(1) 及早发现溢流并迅速控制井口，可以防止井喷

事故发生；

(2) 可减少关井和压井的复杂情况；

(3) 防止有毒气体的释放；

(4) 防止更大的污染。

109. 如何做到及早发现溢流？

答：(1) 严格执行坐岗制度；

(2) 做好地层压力监测工作；

(3) 钻井过程注意钻井参数的变化；

(4) 准确判断抽汲压力的影响。

110. 观察溢流显示的坐岗人员在何时开始坐岗？

答：进入油气层前100m开始“坐岗”。

111. 坐岗时，需要注意观察哪些情况？

答：(1) 钻井液出口流量变化；

(2) 循环罐液面变化；

(3) 钻井液性能变化；

(4) 起（下）管柱体积与钻井液的灌入（排出）量是否相符；

(5) 录井全烃值的变化。

112. 什么是软关井？

答：软关井是在节流管汇打开的情况下关闭防喷器，然后再关节流管汇的关井方法。

113. 什么是硬关井？

答：硬关井是在节流管汇关闭的情况下关闭防喷器的关井方法。

114. 软关井有什么特点？

答：(1) 关井时间长，在关井过程中地层流体仍要进入井内，关井套压相对较高；

(2) 避免产生“水击效应”。

115. 硬关井有什么特点？

答：(1) 关井时间短，地层流体进入井筒的体积小，关井套管压力相对较低；

(2) 会产生“水击效应”。

116. 果断迅速关井有哪些优点？

答：(1) 制止地层流体继续进入井内，及时控制住井口；

(2) 保持井内有尽可能多的钻井液，使关井后的套压值较小；

(3) 可较准确地确定地层压力和压井钻井液密度；

(4) 使压井时的套压值较小，有利于实现安全压井。

117. 钻进过程中出现溢流如何关井？

答：(1) 发：发信号；

(2) 停：停转盘，停泵，上提方钻杆；

(3) 开：开启液（手）动平板阀；

(4) 关：关防喷器（先环形，后闸板）；

(5) 关：先关节流阀后关节流阀前平板阀；

(6) 看：准确观察立压、套压并汇报。

118. 关井时，为什么要将钻具上提至合适位置？

答：(1) 确保闸板封的是钻具本体；

(2) 便于扣吊卡或卡卡瓦。

119. 为什么要先提钻具至合适位置后停泵？

答：可延长环空流动阻力施加于井底的时间，从而抑制溢流、减小溢流量，保持井内有尽可能多的钻井液。

120. 起下钻杆时发生溢流如何关井？

答：(1) 发：发出信号；

(2) 停：停止起下钻作业；

（3）抢：抢接钻具止回阀或旋塞阀；

（4）开：开启液（手）动平板阀；

（5）关：关防喷器（先关环形防喷器，后关半封闸板防喷器）；

（6）关：先关节流阀（试关井），再关节流阀前的平板阀；

（7）看：认真观察、准确记录立管和套管压力以及循环池钻井液增减量，并迅速向队长或钻井技术人员及甲方监督报告。

121．起下钻铤时发生溢流如何关井？

答：（1）发：发出信号；

（2）停：停止起下钻作业；

（3）抢：抢接钻具止回阀（或旋塞阀或防喷单根）及钻杆；

（4）开：开启液（手）动平板阀；

（5）关：关防喷器（先关环形防喷器，后关半封闸板防喷器）；

（6）关：先关节流阀（试关井），再关节流阀前的平板阀；

（7）看：认真观察、准确记录立管和套管压力以及循环池钻井液增减量，并迅速向队长或钻井技术人员及甲方监督报告。

122．空井发生溢流时如何关井？

答：（1）发：发出信号；

（2）开：开启液（手）动平板阀；

（3）关：关防喷器（先关环形防喷器，后关全封闸板防喷器）；

（4）关：先关节流阀（试关井），再关节流阀前的平板阀；

（5）看：认真观察、准确记录套管压力以及循环池钻井

液增减量，并迅速向队长或钻井技术人员及甲方监督报告。

注意：空井发生溢流时，若井内情况允许，可在发出信号后抢下几柱钻杆，然后实施关井。

123. 顶驱钻机钻进中发生溢流时如何关井？

答：(1) 发：发出信号；

(2) 停：上提钻具，停顶驱，停泵；

(3) 开：开启液（手）动平板阀；

(4) 关：关防喷器（先关环形防喷器，后关半封闸板防喷器）；

(5) 关：先关节流阀（试关井），再关节流阀前的平板阀；

(6) 看：认真观察、准确记录立管和套管压力以及循环池钻井液增减量，并迅速向队长或钻井技术人员及甲方监督报告。

124. 顶驱钻机起下钻杆中发生溢流时如何关井？

答：(1) 发：发出信号；

(2) 停：停止起下钻作业；

(3) 抢：抢接钻具止回阀或旋塞阀；

(4) 开：开启液（手）动平板阀；

(5) 关：关防喷器（先关环形防喷器，后关半封闸板防喷器）；

(6) 关：先关节流阀（试关井），再关节流阀前的平板阀；

(7) 看：认真观察、准确记录立管和套管压力以及循环池钻井液增减量，并迅速向队长或钻井技术人员及甲方监督报告。

125. 顶驱钻机起下钻铤中发生溢流时如何关井？

答：(1) 发：发出信号；

（2）停：停止起下钻作业；

（3）抢：抢接钻具止回阀（或旋塞阀或防喷单根）及钻杆；

（4）开：开启液（手）动平板阀；

（5）关：关防喷器（先关环形防喷器，后关半封闸板防喷器）；

（6）关：先关节流阀（试关井），再关节流阀前的平板阀；

（7）看：认真观察、准确记录立管和套管压力以及循环池钻井液增减量，并迅速向队长或钻井技术人员及甲方监督报告。

126．顶驱钻机空井发生溢流时如何关井？

答：（1）发：发出信号；

（2）开：开启液（手）动平板阀；

（3）关：关防喷器（先关环形防喷器，后关全封闸板防喷器）；

（4）关：先关节流阀（试关井），再关节流阀前的平板阀；

（5）看：认真观察、准确记录套管压力以及循环池钻井液增减量，并迅速向队长或钻井技术人员及甲方监督报告。

注意：空井发生溢流时，若井内情况允许，可在发出信号后抢下几柱钻杆，然后实施关井。

127．防喷导流器钻进工况如何关井？

答：（1）司钻接到报警后，立即发出15s以上长鸣信号；

（2）迅速打开2号平板阀；

（3）停转盘，停泵，上提方钻杆；

（4）确认2号平板阀打开，关闭防喷导流器。

128. 防喷导流器起下钻杆工况如何关井？

答：(1) 司钻接到报警后，立即发出15s以上长鸣信号；

(2) 迅速打开2号平板阀；

(3) 抢装钻具止回阀，上提钻具；

(4) 确认2号平板阀打开，关闭防喷导流器；

(5) 抢接方钻杆。

129. 防喷导流器起下钻铤工况如何关井？

答：(1) 司钻接到报警后，立即发出15s以上长鸣信号；

(2) 迅速打开2号平板阀；

(3) 抢接防喷单根，下放钻具至吊卡接近但勿接触转盘面；

(4) 确认2号平板阀打开，关闭防喷导流器；

(5) 抢接方钻杆。

130. 防喷导流器空井工况如何关井？

答：(1) 司钻接到报警后，立即发出15s以上长鸣信号；

(2) 迅速打开2号平板阀；

(3) 抢下防喷钻杆；

(4) 确认2号平板阀打开，关闭防喷导流器；

(5) 抢接方钻杆。

131. 下套管时发现井涌如何关井？

答：(1) 发：发出信号；

(2) 停：停止下套管作业；

(3) 抢：抢下套管，抢接变扣接头和备用旋塞。如果下入的套管距预计套管鞋还有很少几根，且条件允许，就强行下到位置，抢接变扣接头和备用旋塞。若下入的管子很少，必须防止套管上顶，再抢接变扣接头和备用旋塞；

(4) 开：开平板阀，适当打开节流阀；

（5）关：关防喷器；

（6）关节流阀（试关井），再关节流阀前的平板阀；

（7）看：认真观察、准确记录套管压力以及循环池钻井液增减量，并迅速向队长或钻井技术人员及甲方监督报告。

132．下尾管发生溢流应如何操作？

下尾管发生溢流的操作方法与下钻杆发生溢流操作相同。如果尾管接近井底，未卡钻前强行下到预定位置；否则，强行起到套管内。

133．固井发生溢流时，如何关井？

答：（1）发：发出信号；

（2）停：停止其他作业；

（3）抢：继续抢注水泥或替入钻井液作业，直到碰压；

（4）开：开平板阀，适当打开节流阀；

（5）关：关防喷器；

（6）关节流阀（试关井），再关节流阀前的平板阀；

（7）看：认真观察、准确记录套管压力以及循环池钻井液增减量，并迅速向队长或钻井技术人员及甲方监督报告。

134．测井作业时发生溢流如何处理？

答：测井作业出现溢流时，要根据溢流的态势及类型，快速作出判断。当溢流不严重，争取起出电缆，按照空井程序进行关井，如形势不许可，则要剪断电缆，按照空井程序进行关井。

135．关井时能否让钻具坐在转盘面上关防喷器？

答：不能，这会造成钻具与防喷器不能相对居中而造成井口关闭不严。

136．关井时，能否把钻具提至套管鞋后再关井？

答：不能，会延误关井时机，造成循环排除溢流和压井

的困难。

137. 钻柱中未装回压阀时，如何测定关井立管压力和关井套管压力？

答：关井后，按照一定的时间间隔记录一次关井立压和关井套压，根据记录的数据，作压力与时间的关系曲线，借助曲线，找出关井立压和套压。

138. 为什么关井后要隔一段时间才能准确读取到关井压力？

答：发生溢流后，由于井眼周围地层流体进入井内，此时井底周围地层压力低于实际地层压力，越远离井底，越接近原始地层压力。一段时间后，井底周围地层压力才能恢复到原始地层压力。

139. 一般情况下，井底周围地层压力恢复时间为多少？

答：对于渗透性好的地层，一般需要 10 ~ 15min。

140. 钻柱内装有回压阀时，如何用开泵顶开回压阀的方法测定关井立压？

答：(1) 记录关井套压；

(2) 缓慢启动钻井泵，向井内注入少量钻井液，当套压超过关井套压 0.5 ~ 1MPa 时，回压阀被顶开，停泵；

(3) 观察并记录套压、立压值；

(4) 套压增量 = 停泵套压 − 关井套压，关井立压 = 停泵立压 − 套压增量；

(5) 开节流阀，使套压降至关井套压时关闭节流阀。

141. 钻柱内装有回压阀时，如何用循环法测定关井立压？

答：此法适用于已知压井排量和相应的循环压力时。

（1）记录关井套管压力；

（2）缓慢开泵和打开节流阀；

（3）控制节流阀，使套压等于关井套压，并保持套压不变；

（4）当排量达到压井排量，套压也等于关井套压时，记录此时的循环立管压力值；

（5）停泵、关节流阀及下游的平板阀。

计算关井立管压力：

关井立管压力＝循环立管压力值－已知压井排量下的循环压力

142. 什么是最大允许关井套压？如何确定最大允许关井套压？

答：最大允许关井套压就是在不破坏井口防喷装置（包括防喷器、管汇、四通）、套管和地层条件下允许的最大关井套压。

最大允许关井套压由地层的破裂压力、井口装置的额定工作压力、套管最小抗内压强度的 80% 三者中的最小值确定。

143. 套管抗内压强度与哪些因素有关？

答：套管抗内压强度取决于套管外径、壁厚及套管材料。

144. 什么是圈闭压力？圈闭压力是如何产生的？

答：圈闭压力是指关井后记录的关井立管压力和套管压力，超过平衡地层压力所应有的关井压力值。

圈闭压力产生的原因主要有两个：一是泵未停稳前关井，二是井内的气体滑脱上升。

145. 如何利用立管压力法检查、释放圈闭压力？

答：此法适用于钻柱内未装回压阀的情形。释放圈闭压力的流程如图 1–1 所示。

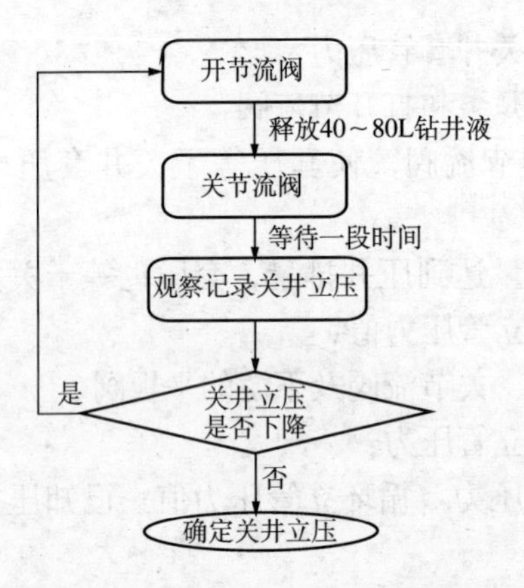

图 1-1　立管压力法检查、释放圈闭压力流程图

146. 如何利用套管压力法检查、释放圈闭压力？

答：此法适用于在钻柱内装有回压阀，钻头水眼不通等情况下观察不到立管压力时。释放圈闭压力的流程如图 1-2 所示。

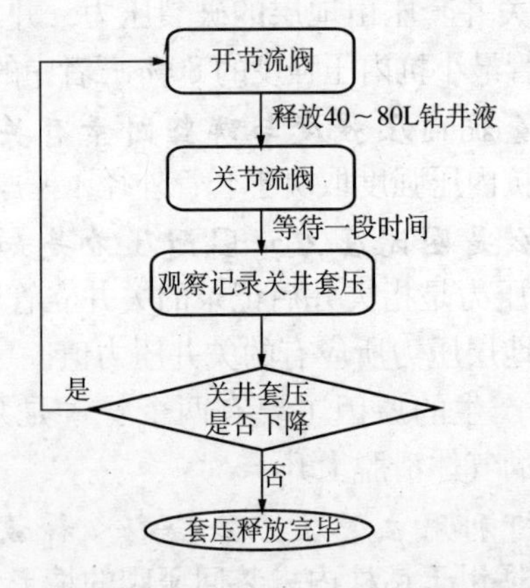

图 1-2　套管压力法检查、释放圈闭压力流程图

147. 关井时，节流阀未完全关闭时，套压已达到最大允许关井套压，该如何操作？

答：此时不能关闭节流阀，应该进行节流泄压，并以钻进排量迅速向井内泵入储备的加重钻井液，采用低节流法压井控制溢流。

148. 对防喷演习有何要求？

答：(1) 钻井队应组织作业班按钻进、起下钻杆、起下钻铤和空井发生溢流的四种工况定期进行防喷演习。

(2) 钻开油气层前，必须进行防喷演习，演习不合格不得钻开油气层。

(3) 作业班每月不少于一次不同工况的防喷演习，钻进作业和空井状态应在3min内控制住井口，起下钻作业状态应在5min内控制住井口。此外，在各次开钻前、特殊作业（取心、测试、完井作业等）前，都应进行防喷演习，达到合格要求。并做好防喷演习记录。

149. 防喷演习信号是如何规定的？

答：报警信号为一长鸣笛，关闭防喷器信号为两短鸣笛，开井信号为三短鸣笛。长鸣笛时间15s以上，短鸣笛时间2s左右。

150. 关井立管压力为零，且关井套压为零时，应如何处理？

答：若关井立管压力和套管压力均为零。这种情况说明钻具内外的钻井液液柱压力均能平衡地层压力。可采取敞开井口（防喷器）循环排除受侵污的钻井液的方法处理，无需压井。

151. 关井立管压力为零，而关井套压不为零时，应如何处理？

答：这种情况说明钻具内的钻井液液柱压力能平衡地层

压力，只是环空内的钻井液受油气侵污严重。这时，必须在防喷器关闭的情况下，控制回压维持原钻进流量和泵压条件下排除溢流，恢复井内压力平衡；再用短程起下钻检验，决定是否调整钻井液密度，然后恢复正常作业。

152.关井立管压力不为零，关井套压也不为零时，应如何处理？

答：说明钻具内外的钻井液液柱压力均不能平衡地层压力，采用常规压井方法压井。

153.溢流关井后，为什么套管压力总要比立管压力高一些？

答：由于环空的钻井液已进入油气，密度降低，液柱压力下降。钻杆内的钻井液没被油气侵入或侵入太少，因此钻杆内的液柱压力就大于环空的液柱压力。关井后，立管压力加钻杆内液柱压力应当等于油气层压力。同理，套管压力加环空液柱压力也应当等于油气层压力，所以套管压力就会大于立管压力。

154.溢流关井后，立管压力和套管压力上升都很慢这说明了什么？

答：(1) 说明地层孔隙度小，渗透率低；

(2) 说明关井及时，钻井液液柱压力与油气层压力接近平衡。

155.气体侵入井筒的方式有哪几种？

答：气体侵入井筒的方式有岩屑气侵、置换气侵、扩散气侵和气体溢流四种。

156.什么是岩屑气侵？

答：岩屑气侵是指在钻开气层的过程中，随着岩石的破碎，岩石孔隙中的天然气被释放出来而侵入钻井液的现象。

157．岩屑气侵量与哪些因素有关？

答：岩屑气侵量与岩石孔隙度、含气饱和度、钻速、气层厚度、井径有关。

158．什么是置换气侵？

答：置换气侵是指钻遇大裂缝或溶洞时，由于钻井液的密度比天然气的密度大，产生重力置换，天然气被钻井液从裂缝或溶洞中置换出来，进入井内的现象。

159．什么是扩散气侵？

答：扩散气侵是指钻开气层后，气层中的天然气通过泥饼向井内扩散，侵入钻井液的现象。

160．在井底压力大于地层压力时，会不会有气体侵入井筒？

答：当井底压力大于地层压力时，岩屑气侵、置换气侵、扩散气侵也会发生，气体仍会侵入井筒。

161．气体在井内有哪两种状态？

答：(1) 气泡；

(2) 连续气柱。

162．开井状态下，气侵对钻井液有何影响？

答：(1) 井内钻井液密度自下而上逐渐降低，不能用井口测量的密度值计算井内液柱压力；

(2) 即使井口返出钻井液气侵很严重，但井内液柱压力没有大幅度降低；

(3) 气侵对井内液柱压力影响随井深不同而不同，井越深，影响越小，井越浅，影响越大。

163．为什么现场要尽量减少停止循环时间？

答：长时间停止循环时，进入井内的气体会聚集成气柱，由于密度差作用，气柱滑脱上升膨胀，或开泵时进一步

加剧了气柱上升膨胀，到达某一深度时，就会造成钻井液外溢的现象，气柱接近井口时，会造成井底压力的急剧下降。所以现场要尽量减少停止循环时间。

164. 什么是流动测试？

答：流动测试就是在停泵或停止起下钻的情况下判断井口是否自动外溢的操作。

165. 为什么要进行流动测试？

答：在开井时，气体膨胀是一个加速过程，这就使在钻井和起钻过程中，单纯依靠监测钻井液罐液面变化难于及时发现溢流。为保证溢流的及时发现，需要进行流动测试。

166. 钻进时如何进行流动测试？

答：(1) 发信号；

(2) 停转盘；

(3) 停泵；

(4) 将钻具提离井底，钻杆接箍位于转盘面以上；

(5) 观察井口，判断是否外溢。

167. 起下钻时如何进行流动测试？

答：(1) 发信号；

(2) 坐吊卡；

(3) 装内防喷工具；

(4) 观察井口，判断是否外溢。

168. 出现气侵时能否长期关井而不循环？

答：长期关井，由于气体无法膨胀，随着气体的滑脱上升，井底压力和井口压力都会增大，严重时会造成井口失控和憋漏地层的情况。

169. 立管压力法的基本原理是什么？

答：通过节流阀，间歇放出一定数量的钻井液，使天然

气膨胀，压力降低。通过立管压力控制天然气的膨胀和井底压力，使井底压力基本不变且大于地层压力，以防止天然气再进入井内。

170．关井后天然气运移时，如何利用立管压力法放压？

答：(1) 先确定一个比初始关井立管压力高的允许立管压力值 p_{d1} 和放压过程中立管压力的变化值 Δp_d；

(2) 当关井立管压力增加到 (p_{d1} + Δp_d) 时，通过节流阀放出钻井液，立管压力下降，当立管压力下降到 p_{d1} 时 (即下降了 Δp_d) 关井；

(3) 关井后天然气继续上升，立管压力再次升到 (p_{d1} + Δp_d) 时，再按上述方法放压，然后关井。这样重复进行，可使天然气逐渐上升到井口。

171．在哪些情况下不能使用立管压力法放压？

答：(1) 钻头水眼被堵死；

(2) 钻头位置在气体之上；

(3) 钻具被刺漏等。

172．关井后天然气运移时，如何利用套管压力进行放压？

答：(1) 先确定一个大于初始关井套压的允许套压值 p_{a1} 和放压过程中的套压变化值 Δp_a；

(2) 计算出套压变化值 Δp_a 对应的释放钻井液量 ΔV；

(3) 当关井套压由 p_a 上升到 $p_{a1}+\Delta p_a$ 时，保持套压等于 $p_{a1}+\Delta p_a$ 不变，从节流阀放出钻井液 ΔV_1，关井；

(4) 当关井套压由 $p_{a1}+\Delta p_a$ 上升 Δp_a 时，保持套压等于 $p_{a1}+2\Delta p_a$ 不变，通过节流阀放出钻井液 ΔV_2，关井；

(5) 当关井套压由 $p_{a1}+2\Delta p_a$ 上升 Δp_a 时，保持套压等

于 $p_{a1}+3\Delta p_a$ 不变，通过节流阀放出钻井液 ΔV_3，关井；

(6) 按上述方法放出钻井液，使气体上升膨胀，让套压增加一定数值，补偿环空静液压力减小值，保证井底压力略大于地层压力。气体一直上升到井口。

173. 当天然气上升到井口时能否放气泄压？

答：不能，因为此时的井口压力值是平衡地层压力所必需的，放气泄压会造成地层流体的进一步侵入。

174. 对于高含硫的气井能否进行放压处理？

答：不能，因为这会使井口聚集一段纯气柱，由于硫化氢的腐蚀作用，可能会造成井口钻具的断脱。

175. 简述压井的基本原理。

答：压井原理就是在整个压井过程中，利用调节节流阀的开启度，控制套压与立压，始终保持井底压力稍大于地层压力，以实现井内压力平衡。

176. 什么是井底常压法？

答：井底常压法是一种保持井底压力不变而排出井内气侵钻井液的方法。

177. 常规的压井方法有哪些？

答：常规的压井方法有司钻法、工程师法、循环加重法。

178. 简述常规压井方法（井底常压法）压井应遵循的基本原则。

答：(1) 在压井的整个过程中，应始终保持压井排量不变；

(2) 采用小排量压井，一般排量为钻进排量的 1/2 ~ 1/3；

(3) 压井液储备量一般为井筒容积的 1.5 ~ 2 倍；

(4) 通过控制井口的回压来实现井底压力的恒定；

(5) 要保证施工的连续性。

179. 为什么压井排量选用小排量？

答：(1) 如果使用正常钻进时的大排量进行压井，那么，压井时循环系统压力损耗就较大，再加上关井立管压力，可能会使循环立管压力超过钻井泵的额定工作压力；

(2) 如果使用正常钻进时的大排量进行压井，开大关小节流阀时，套管压力或立管压力变化剧烈，难于控制节流阀；

(3) 如果使用正常钻进时的大排量进行压井，环空压力损耗大，易发生井漏。

180. 什么是初始循环立管压力？

答：初始循环立管压力是指压井循环开始时所需要的立管压力。

181. 如何确定初始循环立管压力？

答：初始循环立管压力＝关井立压＋压井排量下的循环立管压力。

182. 如何测定压井排量下的循环立管压力？

答：测量低泵速泵压。当钻至高压油气层时，要求井队在每天的白班或每只钻头入井开始钻井前用选定的压井排量或不同的小排量进行循环试验，测得相应的立管压力值，作为压井排量下的循环立管压力。

183. 哪些情况下需要补测压井排量下的循环立管压力？

答：当钻井液性能、钻头水眼组合、缸套尺寸、钻具组合发生较大变化时需要补测。

184. 如何用通过循环钻井液直接实测压井排量下的循环立管压力？

答：(1) 缓慢开启节流阀并启泵，控制套压等于关井

套压；

(2) 使泵的排量达到压井排量，始终保持套压等于关井套压；

(3) 读取此时的立管压力值，立管压力值减去关井立压就是压井排量下的循环立管压力。

185. 如何利用水力学知识近似计算压井排量下的循环立管压力？

答：$$压井排量下的循环立管压力=\left(\frac{压井排量}{正常钻进排量}\right)^2\times 正常钻进排量循环立管压力。$$

186. 什么是终了循环立管压力？

答：终了循环立管压力是指在压井过程中新钻井液到达钻头位置，并开始返出地面时的循环立管压力。

187. 如何确定终了循环立管压力？

答：终了循环立管压力=压井排量下的循环压力 × 加重钻井液密度/原钻井液密度。

188. 关井后，一般根据关井立压还是关井套压来确定地层压力？为什么？

答：由于环空的钻井液已被油气侵，密度下降多少说不清楚，不能做为计算依据。因此，必须根据立管压力来计算。

189. 溢流关井后，如何确定地层压力？

答：地层压力 = 关井立压 + 钻具内静液压力。

190. 如何确定钻井液从立管循环到钻头的时间？

答：立管循环到钻头的时间 = 钻柱内容积 / 泵排量。

191. 如何确定钻井液在环空的循环时间？

答：钻井液在环空的循环时间 = 环空容积 / 泵排量

192. 配制一定量加重钻进液所需加重材料量如何计算？

答：加重材料量=

$$\frac{加重材料密度\times加重后钻井液体积\times(加重后钻井液密度-加重前钻井液密度)}{加重材料密度-加重前钻井液密度}$$

。

193. 定量钻井液加重时所需加重材料量如何计算？

答：加重材料量=

$$\frac{加重材料密度\times加重前钻井液体积\times(加重后钻井液密度-加重前钻井液密度)}{加重材料密度-加重后钻井液密度}$$

。

194. 选择压井方法需考虑哪些因素？

答：(1) 溢流类型；

(2) 溢流量；

(3) 地层承压能力；

(4) 立、套压大小及关井压力上升速度；

(5) 套管下深及井眼几何尺寸；

(6) 井口装置情况；

(7) 压井难易程度；

(8) 压井所需时间长短；

(9) 井内钻具情况；

(10) 加重材料及后勤保障能力；

(11) 现场设备的加重能力。

195. 什么是司钻法压井？

答：司钻法又称二次循环法，司钻法压井过程中需要循环二周钻井液。

(1) 第一循环周用原浆将环空中的井侵流体顶替到地面，同时配制压井钻井液；

(2) 第二循环周用压井钻井液将原钻井液顶替到地面。

196. 什么是工程师法压井？

答：工程师法又称一次循环法或等待加重法，工程师法压井过程中仅需要循环一周钻井液。首先配制压井钻井液；再用压井钻井液将环空中井侵流体顶替到地面，直至重钻井液返出地面。

197. 什么是循环加重法？

答：循环加重法是指关井求压后，一边加重钻井液，一边把加重的钻井液泵入井内，在一个或多个循环周内完成压井的方法。

198. 循环加重法终了循环立管压力如何确定？

答：终了循环立管压力＝

$$\frac{第一次调整后钻井液密度}{原钻井液密度}\times 低泵速泵压 + (压井液密度 - 第一次调整后钻井液密度)\times 9.8\times 垂深$$。

199. 在哪些情况下采用循环加重法压井？

答：只有在下列情形时，才使用循环加重法压井：

(1) 未安装井控装置；

(2) 安装井控装置后，不能关井，进行导流放喷的井；

(3) 安装了井控装置，但井控装置失效的井。

200. 实施循环加重法需要具备哪些条件？

答：(1) 储备井筒容积2倍以上的高密度钻井液；

(2) 储备足够的加重材料；

(3) 要有适合的压井设备。

201. 简述司钻法、工程师法、循环加重法的主要区别。

答：压井过程中第一个循环所用的钻井液密度不同。

202．司钻法、工程师法、循环加重法在压井循环开始的密度各是什么？

答：(1) 司钻法：新钻井液密度 = 原有的钻井液密度；

(2) 工程师法：新钻井液密度 = 压井钻井液密度；

(3) 循环加重法：新钻井液密度逐渐增加到压井钻井液密度。

203．司钻法有什么特点？

答：(1) 计算量很少；

(2) 压井的程序简单；

(3) 压井前的准备时间最短；

(4) 在气侵钻井液没循环出井眼之前，不需要进行加重；

(5) 地面压力最高；

(6) 套管鞋处当量钻井液密度最大；

(7) 需要二次循环。

204．工程师法有什么特点？

答：(1) 只需要一次循环；

(2) 在加重钻井液时需要关井；

(3) 地面压力低。

205．循环加重法有什么特点？

答：(1) 需要连续循环；

(2) 不需要关井；

(3) 压井时间长，溢流量大；

(4) 计算比较复杂，施工比较难控制。

206．司钻法压井过程中，立管压力是如何变化的？

答：司钻法压井过程中，立管压力的变化如图 1-3 所示。

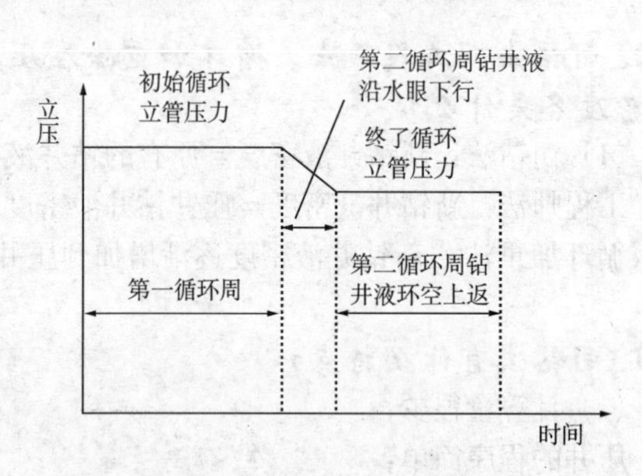

图 1–3　立管压力变化图

207. 司钻法压井过程中，溢流为天然气时套管压力是如何变化的？

答：司钻法压井过程中，溢流为天然气时套管压力的变化如图 1–4 所示。

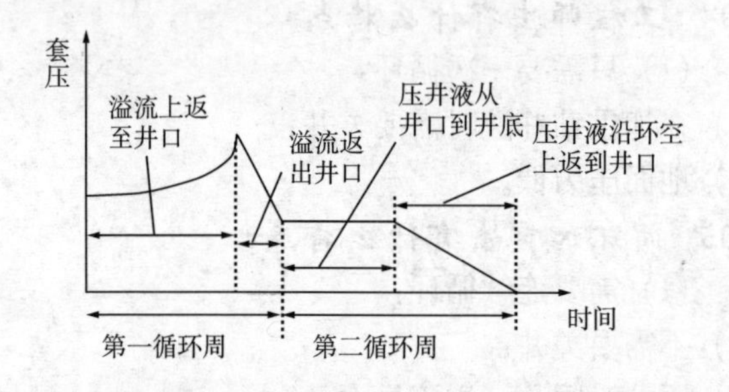

图 1–4　司钻法压井套压变化图（溢流为天然气）

208. 司钻法压井过程中，溢流为油、盐水时套管压力是如何变化的？

答：司钻法压井过程中，溢流为油、盐水时套压的变化如图 1–5 所示。

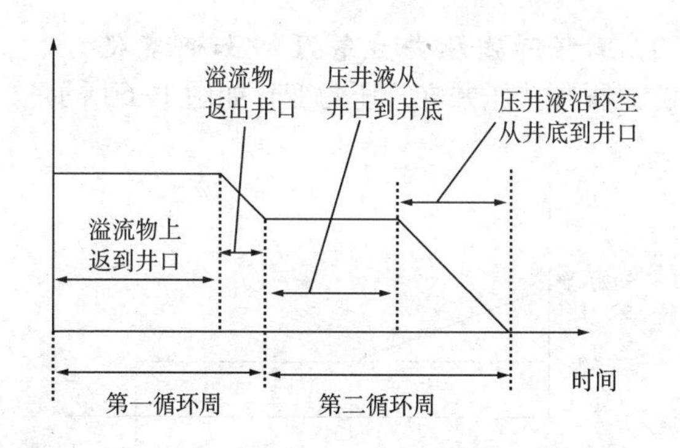

图 1–5　司钻法压井套压变化图（溢流为油、盐水）

209. 司钻法压井如何操作？

答：(1) 第一循环周：

①缓慢启动泵，同时打开节流阀，使套压保持关井套压不变，将泵排量调整到压井排量。

②当排量调整到压井排量时，保持排量不变，控制立管压力始终等于初始循环立管压力，将受侵污钻井液排出地面。

③环空受侵污的钻井液排完后，应停泵、关节流阀。此时关井套管压力等于关井立管压力。

在第一循环周的同时应配制压井重钻井液，重钻井液量为井筒容积的 1.5 ~ 2 倍。

(2) 第二循环周：

①缓慢启动泵，同时打开节流阀，保持第一循环周末的关井套压不变，直至重钻井液到达钻头处。

②在重钻井液由环空上返的过程中，仍要保持压井排量不变，并调节节流阀，使立管压力等于终了循环立管压力不变，直至重钻井液从环空返出地面。

③停泵，关节流阀，关井套压、关井立压均应等于零。

210．工程师法压井立管压力如何变化？

答：工程师法压井立管压力变化如图 1–6 所示。

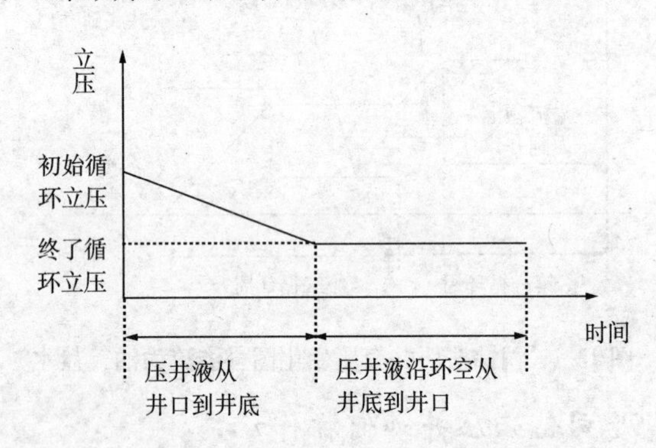

图 1–6　工程师法压井立压变化图

211．当溢流为油或盐水时，工程师法压井套管压力如何变化？

答：当溢流为油或盐水时，工程师法压井套管压力变化如图 1–7 所示。

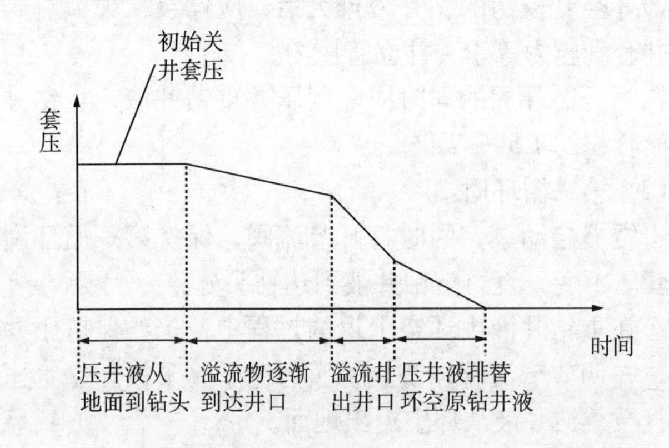

图 1–7　工程师法压井套压变化规律（溢流为油或盐水）

212. 当溢流为气时，工程师法压井套管压力如何变化？

答：溢流为气时，工程师法压井套压变化如图 1–8 所示。

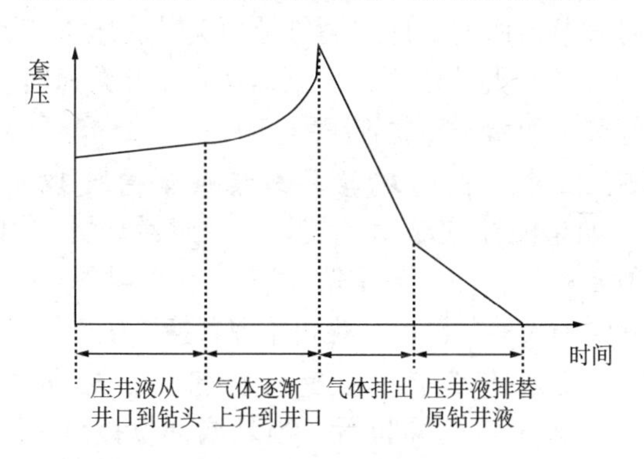

图 1–8　工程师法压井套压变化图（溢流为气）

213. 工程师法压井如何操作？

答：(1) 缓慢启动泵打开节流阀，使套压等于关井时的套压值。当排量达到选定的压井排量时，保持排量不变，调节节流阀的开启程度使立管压力等于初始循环立管压力。

(2) 重钻井液由地面到达钻头的这段时间内，通过调节节流阀控制立管压力，使其按照“立管压力控制表”变化，即由初始循环立管压力逐渐降到终了循环立管压力。

(3) 继续循环，重钻井液在环形空间上返，调节节流阀，使立管压力保持终了循环立管压力不变，当重钻井液到达地面后，停泵、关节流阀。检查套管和立管压力是否为零，若为零说明压井成功。

214. 在压井循环开始时，如何启动泵和节流阀？

答：最理想的情况是节流阀应在钻井泵启动后的瞬时打

开。如果节流阀打开的太快，就会使井底压力降低，使地层流体进一步侵入井内。如果节流阀的启动落后于钻井泵的启动较大，就会使套压升的过高而压漏地层。

在打开节流阀时，应尽力维持原关井套压不变，随着泵速的增加逐渐开大节流阀，当泵速达到压井泵速时，使立管压力正好等于初始循环立管压力。

215．压井时，出现钻具断落该如何处理？

答：如果溢流在断落位置以上，继续压井；如果溢流在断落位置以下，注入超重钻井液，下钻连接落鱼，恢复循环。若此时为天然气溢流，也可采取置换法压井。

216．压井过程中，出现钻具刺漏，该如何处理？

答：首先确定刺漏位置。当刺漏部位接近井口时，进行不压井起钻更换钻具，当刺漏部位在钻头喷嘴处时，继续压井。

217．压井时出现钻具堵塞该如何处理？

答：想办法解堵，若不能解堵，对钻杆进行射孔，建立循环通道。

218．压井时出现钻头泥包或水眼堵塞该如何处理？

答：上下活动钻具解除泥包，打开钻具旁通阀解除钻头水眼堵塞问题，若无旁通阀，可炸掉喷嘴，恢复循环。

219．压井时节流管汇堵塞或节流阀刺坏该如何处理？

答：开大节流阀，疏通节流管汇，若无法解堵，启用备用支路，修复堵塞支路。

220．常规压井时，为什么要确保压井排量不变？

答：因为常规压井作业中，是通过立管压力来控制井底压力，如果排量变化，会使循环阻力发生变化，所做的压井

施工单中的参数就需要改变，影响井底压力监控。

221．发现溢流后，能否不及时关井而继续循环？

答：不能，因为这样会使溢流更加严重，特别是气体溢流，循环会使气体上升膨胀加剧，更易诱发井喷。

222．什么是非常规压井方法？

答：非常规压井方法是溢流、井喷井不具备常规压井方法的条件而采用的压井方法，如空井井喷、钻井液喷空的压井。

223．简述平衡点法压井的适用条件。

答：平衡点法压井适用于井内钻井液喷空后的天然气井压井，防喷器完好且关闭，钻具在井底，天然气经过放喷管线放喷的井。

224．简述平衡点法的基本原理。

答：假设环空存在一“平衡点”。压井时，当压井钻井液未返至平衡点前，压井排量应以在用缸套下的最大泵压确定，保持套压等于最大允许套压；当压井钻井液返至平衡点后，采用压井排量循环，控制立管总压力等于终了循环压力，直至压井钻井液返出井口，套压降至零。

225．什么是平衡点？

答：压井钻井液返至该点时，井口控制的最大允许套压与平衡点以下压井钻井液静液柱压力之和能够平衡地层压力。

226．如何确定平衡点？

答：$$\text{平衡点深度(m)}=\frac{\text{最大允许控制套压(Pa)}}{9.8\left(\text{m/s}^2\right)\times\text{压井钻井液密度}\left(\text{kg/m}^3\right)}$$

227．什么是置换法压井？

答：向井内挤入定量钻井液，关井使钻井液下落至井底，然后释放一定的套压，使套压降低值与泵入的钻井液产生的产生的静液压力相等，重复该过程，直到井口压力降到

一定程度，再强行下钻到底按常规压井方法完成压井作业。

228. 置换法压井的适用条件是什么？

答：井内钻井液大部分喷空，同时井内无钻具或仅有少量钻具，不能进行循环压井，但井口装置可以将井关闭，压井钻井液可以通过压井管汇注入井内。

229. 什么是压回法压井？

答：压回法又称挤压法、硬顶法或平推法，以最大允许关井套压作为施工的最高工作压力，从环空泵入钻井液把井筒的溢流压回地层的压井方法。

230. 简述压回法压井的适用条件。

答：(1) 含硫化氢的井涌；

(2) 套管下得较深、裸眼短，具有渗透性好的产层或一定渗透性的非产层；

(3) 空井。

231. 什么是低节流压井？

答：低节流压井就是指在井不完全关闭时，通过节流控制套压，使套压在不超过最大允许关井套压的情况下的压井。

232. 井不能完全关闭的原因有哪些？

答：(1) 高压浅气层出现溢流；

(2) 表层或技术套管下得较浅；

(3) 发现溢流不及时。

233. 低节流压井时，如何避免更多地层流体进入井筒？

答：(1) 增大压井排量；

(2) 提高第一次循环的压井液密度；

(3) 若最大允许关井套压是由地层破裂压力决定的，当溢流顶入套管后，适当提高节流回压。

234. 低节流压井法适用于哪些情况?

答:(1)致密的高压低渗气层;

(2)熟悉所钻区域井涌地层;

(3)表套浅并有长裸眼井段;

(4)保护人员及设备安全;

(5)保护套管鞋处的地层,防止地下井喷的发生。

235. 起下钻时发生溢流如何压井?

答:(1)暂时压井后下钻法;

(2)等候循环排溢流法;

(3)强行下钻到底压井法。

236. 空井可采取哪些压井法?

答:空井可采取体积法、压回法和置换法压井。

237. 喷漏同时存在的表现形式有哪几种?

答:喷漏同时存在的表现形式有上喷下漏、下喷上漏和同层又喷又漏三种。

238. 出现上喷下漏情形时,该采取何种措施?

答:(1)停止循环,定时定量间歇性反灌钻井液,尽可能维持一定液面来保持井内液柱压力略大于高压层的地层压力;

(2)通过钻具注入加入堵漏材料的钻井液;

(3)当漏速减小,井内液柱压力与地层压力呈现暂时动平衡状态后,可着手堵漏并检测漏层的承压能力,堵漏成功后就可实施压井。

239. 确定反灌钻井液量和间隔时间有哪几种方法?

答:(1)通过对地区钻井资料的分析统计出的经验数据决定;

(2)用井内液面监测仪表测定漏速后确定;

(3)由建立的钻井液漏速计算公式决定。

240. 简述下喷上漏的处理方法。

答：停止循环，定时定量间歇性反灌钻井液。然后隔开喷层和漏层，再堵漏以提高漏层的承受能力，最后压井。

241. 隔离喷层和漏层及堵漏压井的方法主要有哪几种？

答：(1) 注水泥塞隔离和注水泥堵漏；

(2) 注重晶石塞和水泥塞隔离及堵漏；

(3) 注一定密度的钻井液堵漏和压井；

(4) 不压井起钻后下套管、压井，再注水泥固井；

(5) 注超重压井液压井然后堵漏。

242. 同层又喷又漏如何处理？

答：(1) 间隔定时反灌一定数量的钻井液，维持低压头下的漏失。起钻，下光钻杆堵漏；

(2) 遇到大溶洞无法堵漏时，可用清水边漏边钻，或用泡沫钻井液维持平衡钻进。

243. 井控作业中有哪些错误做法？

答：(1) 发现溢流后不及时关井，继续循环；

(2) 发现溢流后继续起钻具至套管内；

(3) 起下钻出现溢流后继续起下钻具；

(4) 压井液密度不合适；

(5) 长期关井而不压井；

(6) 排除气体溢流时保持钻井液罐液面不变；

(7) 敞开井口使压井液的泵入速度大于溢流速度压井；

(8) 关井时闸板刺漏不处理。

244. 小井眼井控有什么特点？

答：(1) 环空容积小，对溢流的监测更敏感；

(2) 常规的压力损失计算模式和压井方法不一定适应。

245. 什么是动态压井法？适用于哪些条件？

答：通过环空的压力损失来控制地层压力的方法，叫动态压井法。主要用于小井眼、超深井。

246. 动态压井法有什么特点？

答：(1) 不用加重钻井液；

(2) 可以尽快实施压井作业；

(3) 可最大限度减小套管鞋处的压力。

247. 侵入流体在水平井中运行的有什么特征？

答：(1) 气体水平井段易形成圈闭的气泡，气泡离开水平井段，会使液柱压力减小；

(2) 侵入流体沿井眼高边上行，移动速度在大倾角井段可能加快；

(3) 大斜度井钻井液循环倾向于沿高边流动，由于通道面积小，井底钻井液返出比预期要快；

(4) 因套管鞋位置与垂直井深有关，关井时可达到最大套管压力；

(5) 压井操作时，侵入流体从水平井段进入斜井段，套管压力增加、钻井液罐液面并不相应上升；

(6) 下钻进入水平井段时，侵入流体向上移动进入斜井段，导致井底压力减小；

(7) 如发现钻井液罐液面上升，钻进前必须循环出井底侵入流体；

(8) 水平井起钻抽汲影响钻井液灌入量，侵入流体离开水平井段前，对液柱压力影响较小或没有影响。

248. 水平井井控需考虑哪些主要因素？

答：(1) 水平井套管柱设计时，应确保套管下深尽可能接近水平井段；

（2）水平井段钻进不超过30m时，应循环钻井液检查，确保有足够的液柱压力，设计中应清楚地写明“过平衡”压力值；

（3）水平井段易形成岩屑床，增加引起抽汲的机会，因此井眼清洁措施必须能有效地减少岩屑床的形成；

（4）起钻时，钻具离开水平井段前应循环钻井液，同时低速转动钻具。在钻头离开水平井段前，要测油气上窜速度；

（5）钻井液只循环一周，水平井段高边的气泡较难返出，要循环一周以上；

（6）下钻进入水平井段时要循环钻井液，检查井内是否有流体侵入。下到井底前，也要循环一周以上，控制下钻速度，使压力激动最小。下到井底后，循环钻井液最后阶段可通过节流管汇；

（7）接单根和上提钻具，若发现悬重增加，应开泵。如果有压差卡钻危险，须随时转动钻具，减少钻具静置时间；

（8）用油基或水基解卡液时，解卡液量要计算精确，减少负压危险；

（9）由于抽汲最易导致溢流，因此须尽量减少起下钻次数。

249．实施欠平衡钻井有哪些基本条件？

答：（1）地层压力、温度基本清楚；

（2）地层岩性、敏感性基本清楚，地层稳定性满足实施欠平衡钻井的要求；

（3）流体特性、组分、产量基本清楚，地层流体中硫化氢含量低于$75mg/m^3$（50ppm）；

（4）上一层套管应下至欠平衡钻井井段顶部；对于气体

钻井，上层套管抗外挤强度应按全掏空进行设计，安全系数大于 1.125；水泥返高及固井质量满足欠平衡钻井施工要求；

(5) 钻井装备及专用装备、工具、仪器等满足欠平衡钻井施工的工艺及安全要求；

(6) 满足实施的欠平衡钻井工艺及钻井流体处理的相关要求；

(7) 技术服务队伍应具备集团公司主管部门颁发的相应资质；

(8) 钻井队应具备乙级以上资质。

250. 欠平衡钻井对钻具组合有什么要求？

答：(1) 转盘钻进使用六方钻杆；

(2) 钻杆为达到一级钻具标准的 18° 台肩钻杆；

(3) 至少在近钻头位置安装一只常闭钻具止回阀。

251. 进行欠平衡钻井时燃烧管线和排砂管线应距井口多远？

答：75m。

252. 欠平衡钻井燃烧管线出口自动点火装置点火间隔时间不大于多少？

答：点火时间间隔不大于 3s。

253. 进行气体钻井时，岩屑取样器距井口应为多远？

答：不少于 30m。

254. 欠平衡钻井对加重液的储备有什么要求？

答：开发井储备高于设计地层压力当量钻井液密度 0.2g/cm^3，1.5 倍以上井筒容积的钻井液，探井储备高于预计地层压力当量钻井液密度 0.2g/cm^3，2 倍以上井筒容积的钻井液。

255. 气体钻井时，供气设备至井口距离不小于多少米？

答：15m。

256. 欠平衡带压起下钻时，上顶力达到何种程度时，必须使用不压井起下钻装置？

答：当上顶力达到钻具重量的80%时，必须使用不压井起下钻装置。

257. 带压下油管时，如果管串底部有筛管，对其长度有何要求？

答：长度应小于全封闸板至旋转防喷器下胶芯底端的距离。

258. 出现哪些情况时，应终止欠平衡钻井作业？

答：(1) 返出气体，未接触大气前硫化氢浓度等于或高于50ppm；或与大气接触出口环境中硫化氢浓度大于20ppm时；

(2) 液相欠平衡时，地层油气水严重影响钻井液性能；

(3) 钻具内防喷工具失效；

(4) 设备无法满足欠平衡钻井要求；

(5) 空气钻井时，可燃气体含量超过3%，停钻循环观察10min，可燃气体含量继续上升达到5%；

(6) 井眼条件不满足欠平衡钻井施工。

259. 欠平衡钻井应急预案至少应包括哪六个方面？

答：(1) 出现有毒、有害气体；

(2) 套压超过设计上限；

(3) 发生井下复杂；

(4) 钻遇高产、高压油气水层；

(5) 循环压力出现异常；

(6) 地面关键设备出现故障。

第二部分　钻井井控装备

260. 什么是井控装备？

答：井控装备是实施油气井压力控制技术的一整套专用设备、仪表和工具。

261. 井控装备有哪些功用？

答：(1) 预防井喷；

(2) 及时发现溢流；

(3) 迅速控制井喷；

(4) 处理复杂情况。

262. 井控装备由哪几部分组成？

答：(1) 井口防喷器组——环形防喷器、闸板防喷器、四通等；

(2) 控制装置——蓄能器装置、遥控装置；

(3) 节流与压井管汇；

(4) 钻具内防喷工具——方钻杆球阀、钻杆回压阀、投入式单向阀等；

(5) 加重钻井液装置——重晶石粉混合漏斗装置、重晶石粉气动下料装置；

(6) 起钻灌注钻井液装置；

(7) 钻井液气体分离器；

(8) 监测仪表——钻井液罐液面监测仪、甲烷、硫化氢

检测器。

263. 液压防喷器有什么特点？

答：(1) 关井动作迅速；

(2) 操作方便；

(3) 安全可靠；

(4) 现场维护方便。

264. 什么是液压防喷器的最大工作压力？其压力级别有哪几级？

答：液压防喷器的最大工作压力是指防喷器安装在井口投入工作时所能承受的最大井口压力，它是防喷器的强度指标。

压力级别有6级：14MPa、21MPa、35MPa、70MPa、105MPa、140MPa。

265. 什么是液压防喷器的公称通径？共分几种？常用哪几种？

答：液压防喷器的公称通径是指防喷器的上下垂直通孔直径。它是防喷器的尺寸指标。

我国液压防喷器的公称通径共分为10种，即180mm、230mm、280mm、346mm、426mm、476mm、528mm、540mm、680mm、760mm。国内现场常用的公称通径多为230mm（9in）、280mm（11in）、346mm（$13^5/_8$in）、540mm（$21^1/_4$in）。

266. 液压防喷器型号如何进行表示？

答：液压防喷器的型号表示如图2-1所示。

液压防喷器型号由产品代号、通径尺寸、最大工作压力值组成。产品代号由产品名称主要汉字汉语拼音的第一个字母组成。公称通径以厘米（cm）为单位，取整数值，最大工

作压力以兆帕（MPa）为单位。

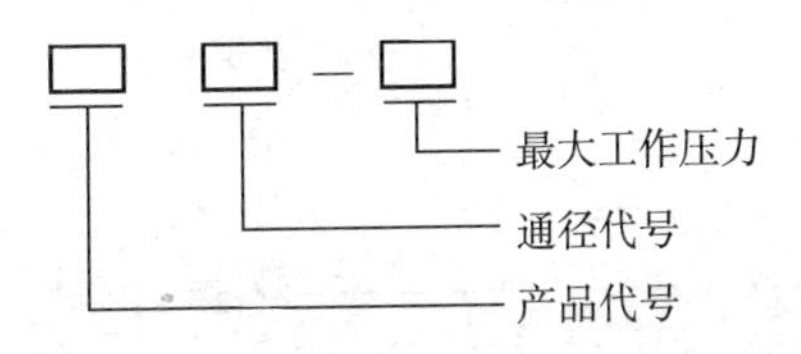

图 2–1　液压防喷器型号表示图

267．液压防喷器产品代号是如何规定的？

答：FH——球形胶芯单环形防喷器；

FHZ——锥形胶芯单环形防喷器；

2FH——球形胶芯双环形防喷器；

2FHZ——锥形胶芯双环形防喷器；

FZ——单闸板防喷器；

2FZ——双闸板防喷器；

3FZ——三闸板防喷器；

268．2FZ35–70 表示什么含义？

答：2FZ35–70 表示公称通径为 346mm、最大工作压力为 70MPa 的双闸板防喷器。

269．防喷导流器的公称尺寸有哪几种？

答：防喷导流器的公称尺寸有 230mm、280mm、320mm 和 350mm 四种。

270．防喷导流器的额定工作压力是多少？规定压力级别代号是多少？

答：防喷导流器的额定工作压力是 7MPa；规定压力级别代号是 07。

271．防喷导流器的型号如何编制？

防喷导流器型号编制如图 2–2 所示。

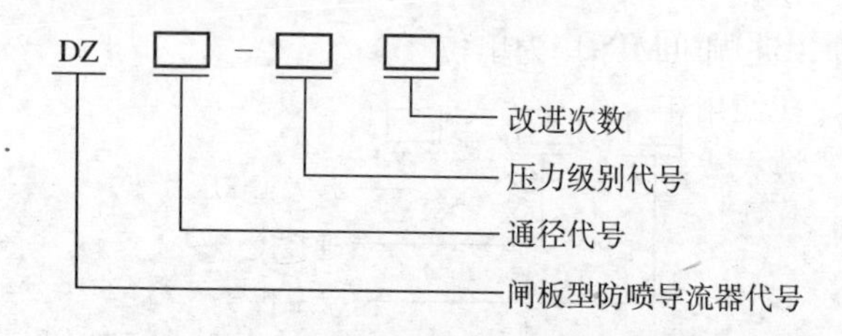

图 2-2　防喷导流器型号编制示意图

272. 井口防喷器组合选择包括哪些方面？

答：井口防喷器组合选择包括防喷器的公称通径选择、防喷器压力级别选择、组合形式选择、控制系统控制点数的选择四个方面。

273. 简述液压防喷器公称通径的选择原则。

答：液压防喷器的公称通径应与其套管头下的套管尺寸相匹配，以便通过相应钻头与钻具，继续钻井作业。

274. 简述液压防喷器压力级别选择的原则。

答：液压防喷器压力等级选用应与裸眼井段中最高地层压力相匹配。

275. 如何选择控制系统控制点数？

答：控制点数除满足选择的防喷器组合所需要的控制数外，还需增加两个控制点数，用来控制两个液动阀，一个用来控制一个液动阀，另一个作为备用。

276. 井控装备的报废条件是如何规定的？

答：出厂总年限达到如下条件应报废：防喷器 13 年；防喷器控制装置 15 年；井控管汇 13 年。达到报废总年限后确需延期使用的，须经第三方检验并合格，延期使用最长 3 年。

277. 防喷器报废的通用要求是什么？

答：符合下列条件之一，应强制报废：

(1) 出厂时间满 16 年；

(2) 在使用中发生承压本体刺漏；

(3) 被大火烧过而导致变形或承压件材料硬度异常；

(4) 承压件结构形状出现明显变形；

(5) 不是密封件原因而致反复试压不合格；

(6) 法兰厚度最大减薄量超过标准厚度的 12.5%；

(7) 承压件本体或钢圈槽出现被流体刺坏、深度腐蚀及裂纹等情况，且进行过两次补焊修复或不能修复；

(8) 主通径孔在任一半径方向上磨损量超过 5mm，且已经进行过两次补焊修复；

(9) 承压件本体产生裂纹；

(10) 承压法兰连接的螺纹孔，有两个或两个以上严重损伤，且无法修复。

278．防喷器的检查周期是如何规定的？

答：检查周期分 3 月期检查、1 年期检查和 3 年期检查。检查周期可根据使用情况提前进行。如现场连续作业一井次使用时间超过规定的检查周期时，回库后应按下一个检查周期进行检查。

279．环形防喷器的功用有哪些？

答：(1) 当井内无钻具时，可用于全封井口；

(2) 可用以封闭不同形状井口环形空间；

(3) 在封闭具有 18° 坡度接头的对焊钻杆时，可强行起下钻作业；

(4) 能用一种尺寸胶芯封闭不同尺寸的环空。

280．按胶芯的形状，环形防喷器可分为哪几类？

答：按胶芯的形状，环形防喷器可分为球型环形防喷器、锥型环形防喷器和组合型环形防喷器三种。

281．简述环形防喷器工作原理。

答：关闭防喷器时，从控制系统来的高压油进入关闭腔，推动活塞上行，在顶盖的限制下，迫使胶芯向心运动，支撑筋相互靠拢，将其间的橡胶挤向井口中心，实现密封钻具，或全封井口。打开时，从控制系统来的高压油进入开启腔，推动活塞下行，胶芯在本身橡胶弹性力作用下复位，将井口打开。

282．什么是井压助封？

答：在封井状态时，防喷器下部井筒或环空内所产生的流体压力，帮助防喷器实现更好的封井效果的现象。就是井压助封。

283．锥形胶芯环形防喷器由哪几部分组成？

答：锥形胶芯环形防喷器的结构组成如图 2–3 所示。

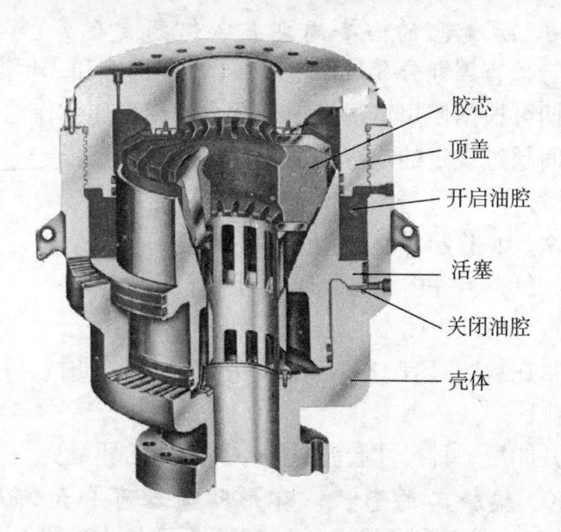

图 2–3　锥形胶芯环形防喷器结构图

284. 锥形胶芯环形防喷器的胶芯有什么特点？

答：(1) 外形呈锥状；

(2) 孔径略大于顶盖与壳体通径，以免钻具挂伤胶芯；

(3) 支承筋沿径向均匀分布并与橡胶硫化在一起，弹性好，工作后恢复原状；

(4) 储胶量大，寿命长；

(5) 更换容易。

285. 锥形胶芯环形防喷器的密封有什么特点？

答：固定密封采用矩形密封圈、O 形密封圈或带垫环的 O 形密封圈；活动密封采用唇形密封圈或双唇形密封圈，具有压力自封作用。

286. 球形胶芯环形防喷器由哪几部分组成？

答：球形胶芯环形防喷器的组成结构如图 2–4 所示。

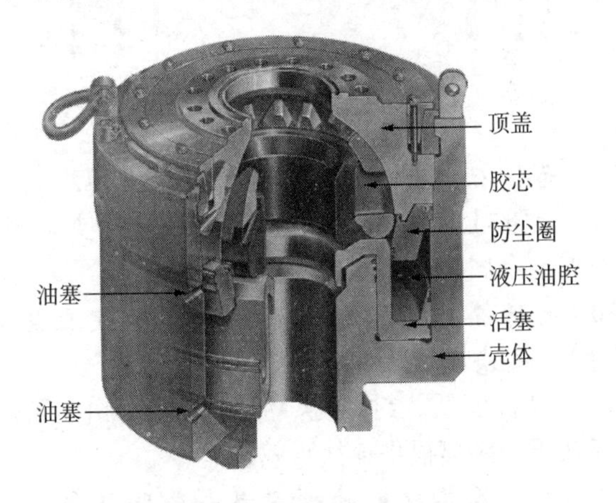

图 2–4　球形胶芯环形防喷器结构图

287. 球形胶芯环形防喷器的胶芯不易翻胶？

答：因为封井时，井压会使中部橡胶上翻，而支撑在球

面上的支撑筋阻止上翻，确保胶芯处于受压状态。

288. 什么是球形胶芯环形防喷器的漏斗效应？

答：球形胶芯环形防喷器在封井时，各横断面的直径收缩是不相等的，上部由于顶盖的限制缩小的数值大，下部缩小得小，因此，胶芯上部挤出的橡胶多，下部少，形成了倒置的漏斗状，这种现象及其产生的效果就是漏斗效应，如图2–5所示。

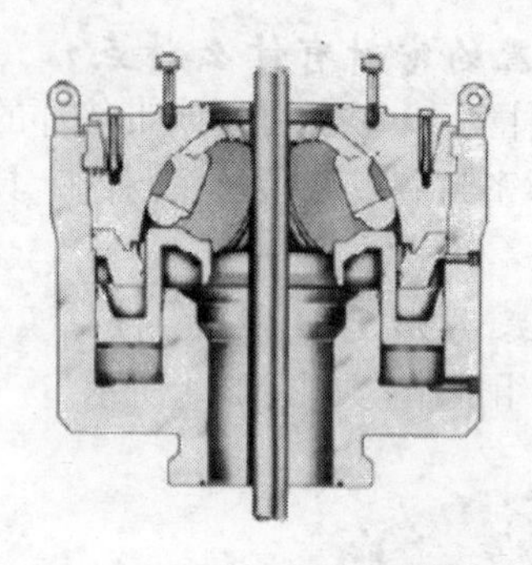

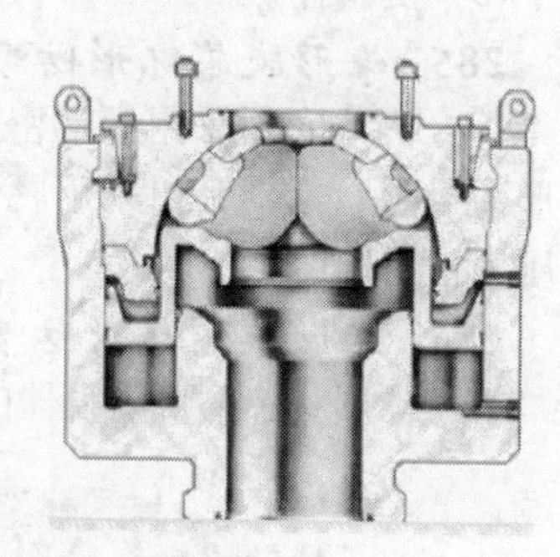

图2–5　漏斗效应图

289. 为什么球形胶芯运动时摩擦阻力小？

答：活塞的上推力部分由支承筋承受，而支承筋与顶盖之间是金属与金属接触，摩擦阻力小。

290. 为什么球形胶芯环形防喷器活塞容易出现卡死、拉缸、偏磨现象？

答：活塞高度低。封闭时，活塞处于上部位置，上、下两支承筋扶正处距离很小，扶正效果差。

291. 锥形胶芯环形防喷器是如何阻止翻胶的？

答：在封井状态下，井压使胶芯中部橡胶上翻。支撑筋的顶部筋阻止橡胶上翻。

292. 为什么环形防喷器总是安装在井口防喷器组的上面？

答：因为更换防喷器胶芯时必须打开顶盖，为了便于更换胶芯，所以环形防喷器总是安装在井口防喷器组的上面。

293. 环形防喷器能否长时间关井？为什么？

答：环形防喷器不能长时间关井。

原因是：

(1) 因为胶芯易过早损坏；

(2) 无锁紧装置。

294. 球形胶芯与锥形胶芯环形防喷器外观上有什么区别？

答：球形胶芯环形防喷器比相同规格的锥形胶芯环形防喷器的径向尺寸大，高度低。

295. 球形胶芯与锥形胶芯环形防喷器性能上有什么区别？

答：球形胶芯环形防喷器比锥形胶芯环形防喷器封零效果好，使用寿命长，开关所需油量多。

296. 对环形防喷器胶芯存放有什么要求？

答：(1) 根据新旧程序按时间顺序编号，先旧后新依次使用；

(2) 存放在光线较暗又干燥的室内；

(3) 温度不能太高，应避开取暖设备和阳光直射；

(4) 远离有腐蚀性的物品；

(5) 远离高压带电设备，以防臭氧腐蚀；

(6) 应让胶芯在松弛状态下存放，严禁弯曲、挤压和悬挂；

(7) 经常检查，如发现有变脆、龟裂、弯曲、出现裂纹者不再使用。

297. 为什么环形防喷器在现场不做封零试验？

答：因为封零时胶芯变形较大，可能造成胶芯提前报废。

298. 为什么封井时，允许慢速上下活动钻具而不允许转动钻具？

答：在封井时，为了防止出现沉砂卡钻现象的发生，并减少活动钻具时对胶芯的磨损，允许慢速上下活动钻具；而转动钻具时，可能会造成较大的摩擦热量，造成撕裂胶芯现象。

299. 环形防喷器封井强行起下钻能否通过平台肩状的钻杆接头？

答：不能，强行通过时会挂伤或撕裂胶心。

300. 为什么通常封井的液控油压不能超过10.5MPa？

答：因为环形防喷器的橡胶是硬橡胶，在较高的液控油压下，易使橡胶老化，弹性减弱，耐磨性降低。

301. 关井时，是否允许胶芯和钻杆间有钻井液轻微溢出？

答：允许。这种现象并不表示封井失效，实际上胶芯封井仍是可靠的，溢出的钻井液可以润滑胶芯，减少胶芯磨损。

302. 环形防喷器关闭后打不开的原因是什么？

答：长时间关闭后，胶芯产生永久变形老化或是在用于固井后胶芯下有凝固水泥浆而造成。

303. 防喷器开关不灵活的原因是什么？

答：(1) 液控管线漏失；

(2) 防喷器长时间不活动，有脏物堵塞；

(3) 液控系统能量不足。

304. 环形防喷器封闭不严，应该如何处理？

答：(1) 若胶芯关不严，可多次活动解决；

(2) 支撑筋已靠拢仍封闭不严，则应更换胶芯；

(3) 若打开过程中长时间未关闭使用胶芯，使杂物沉积于胶芯沟槽及其他部位，应清洗胶芯，并按规程活动胶芯。

305. 环形防喷器判废有什么特殊要求？

答：环形防喷器符合下列条件之一者，强制判废：

(1) 顶盖、活塞、壳体密封面及橡胶密封圈槽等部位严重损伤或发生严重变形，且无法修复；

(2) 连接顶盖与壳体的螺纹孔，有两个或两个以上严重损伤，且无法修复（仅对顶盖与壳体采用螺栓连接的结构）；或顶盖与壳体连接用的爪盘槽严重损伤或明显变形（仅对顶盖与壳体采用爪盘连接的结构）；或顶盖与壳体连接的螺纹，有严重损伤或粘扣（仅对顶盖与壳体采用螺纹连接的结构）；

(3) 非承压的环形防喷器上法兰的连接螺纹孔，有不少于总数量的 1/4 发生严重损伤，且无法修复。

306. 环形防喷器三月期的检查内容有哪些？

答：(1) 外观检查；

(2) 封钻杆的密封试验。

307. 环形防喷器一年期的检查内容有哪些？

答：(1) 进行三月期的检查内容；

(2) 检查顶盖、壳体、活塞垂直通孔圆柱面是否偏磨，在任一半径方向的偏磨量不应超过 3mm；

(3) 检查活塞的耐磨环、密封环，不应有磨损或损坏等现象；

(4) 检查各螺纹孔，不应有乱扣、缺扣等现象；

(5) 检查顶盖密封面、壳体、活塞支承环的密封圈槽，不应有影响密封性能的缺陷；

(6) 检查法兰密封垫环槽部位，不应有影响密封性能的缺陷；

(7) 检查密封胶芯内孔及球面（或锥面），不应有严重变形、撕裂、支承筋断裂及扭曲、胶芯老化等现象；

(8) 检查密封圈，不应有断裂、老化等现象。

308. 环形防喷器三年期检查内容有哪些？

答：(1) 拆卸所有零件，清洗干净，进行外观及密封性试验；

(2) 测量主要零件的重要尺寸；

(3) 当通孔圆柱面偏磨量在任一半径方向上超过 3mm，应进行修复；

(4) 密封圈配合部位尺寸磨损量，外径小于原尺寸下偏差 0.5mm，内径超过上偏差 0.5mm，则应进行修复；

(5) 有耐磨环的零件，其环外径磨损量超过原外径偏差限，应更换耐磨环；

(6) 壳体、顶盖密封面、密封垫环槽及其他密封部位，若有严重磨损、裂纹、凹坑等缺陷，均应进行维修；

(7) 修复损坏的螺纹孔；

(8) 更换全部密封件，更换已变形及磨损严重的零件。

309. 闸板防喷器有什么功用？

答：(1) 可用半封闸板环形空间；

(2) 可用全封闸板全封井口；

(3) 在封井情况下，可通过壳体旁侧孔连接管汇代替节流管汇循环钻井液或放喷；

(4) 可用剪切闸板迅速剪切钻具全封井口；

(5) 有些防喷器的闸板允许承重，可用以悬挂钻具；

(6) 在两个单闸板的配合下，可以进行强行起下钻作业。

310. 闸板防喷器由哪几部分组成？

答：闸板防喷器的组成结构如图 2–6 所示。

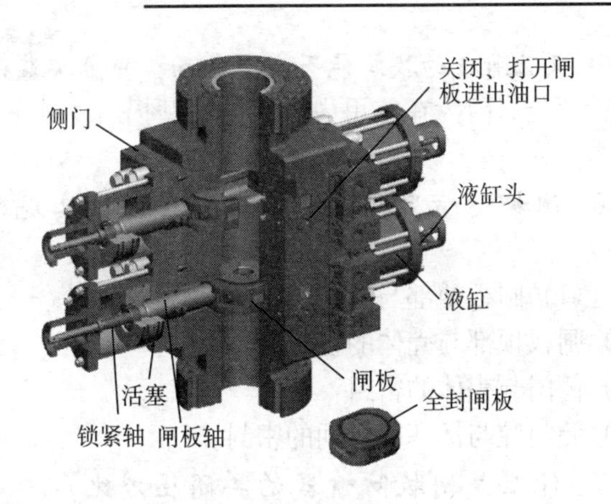

图 2–6　闸板防喷器组成图

311. 闸板防喷器是如何工作的？

答：当高压油进入左右油缸关闭腔时，推动活塞、活塞杆（闸板轴），使左、右闸板总成沿着闸板室内导向筋限定的轨道，分别向井口中心移动，达到封井的目的。当高压油进入左右油缸开启腔时，左右两个闸板总成分别向离开井口中心的方向移动，达到开井目的。

312. 为什么通常不用壳体旁侧孔节流或放喷？

答：当利用壳体侧孔节流、放喷时，高压井液将严重冲蚀壳体，从而影响壳体的耐压性能。

313. 半封闸板在封井时为什么不宜转动钻具？

答：因为闸板胶芯不耐磨，转动钻具易导致胶芯刺漏。

314. 在更换半封闸板尺寸时，单面闸板与双面闸板有何不同？

答：双面闸板可以只换压块与胶芯，闸板体继续留用；单面闸板则需更换全套闸板总成。

315. 双面闸板的胶芯能否上下翻面，重复安装使用？

答：不能，因为在使用中当上平面磨损后，其下平面也必将擦伤。

316. 闸板防喷器要达到有效封井必须实现哪四处密封？

答：(1) 闸板前部与管子的密封；

(2) 闸板顶部与壳体的密封；

(3) 侧门与壳体的密封；

(4) 侧门腔与活塞杆之间的密封。

317. 什么是闸板防喷器的关闭压力比？

答：关防喷器时的井压与液控油压之比。

318. 闸板防喷器是如何实现自动清砂功能的？

答：闸板室底部有两条向井眼倾斜的清砂槽（图 2–7），当闸板开关动作时，遗留在闸板室底部的泥砂，被闸板排入清砂槽滑落井内。

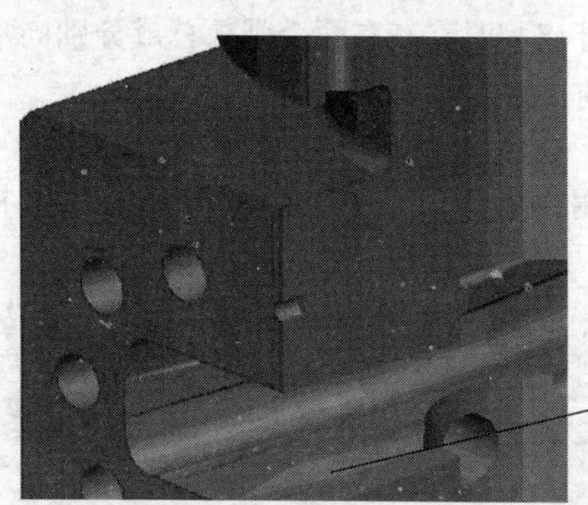

图 2–7　清砂槽结构示意图

319. 闸板的浮动性设计有什么优点？

答：保证了密封可靠，减少橡胶磨损，延长胶芯使用寿命，又减少了闸板移动时的摩擦力。

320. 闸板防喷器是如何实现自动对中功能的？

答：闸板压块的前方有突出的导向块与相应的凹槽（图2–8）。当闸板向井眼中心运动时，导向块可迫使偏心管子移向井眼中心，顺利实现封井关井后，导向块进入另一压块的凹槽内。

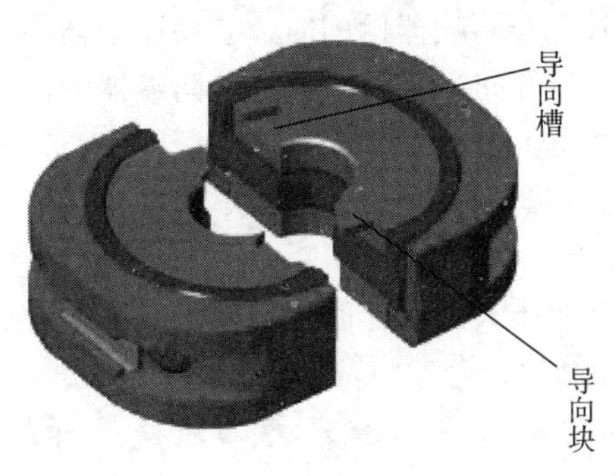

图 2–8　导向块和导向槽示意图

321. 为什么现场对闸板防喷器进行试压检查时，需进行低压实验？

答：当关井井压较低时，闸板顶部可能出现流体溢漏。进行低压试验，可以检查闸板顶密封的情况。

322. 闸板防喷器的侧门有哪两种形式？

答：有旋转式侧门和直线运动式侧门两种形式。

323. 简述更换旋转式侧门液压闸板防喷器闸板的操作步骤。

答：(1) 检查蓄能器装置上控制该闸板防喷器的换向阀

手柄位置，使之处于中位；

（2）拆下侧门紧固螺栓，旋开侧门；

（3）液压关井，使闸板从侧门腔内伸出；

（4）拆下旧闸板，装上新闸板，闸板装正、装平；

（5）液压开井，使闸板缩入侧门腔内；

（6）在蓄能器装置上操作，将换向阀手柄扳回中位；

（7）关闭侧门，上紧螺栓。

324．为什么侧门不能同时打开？

答：同时打开防喷器侧门时，会使防喷器组的质量中心沿井架前后大门方向严重偏斜，致使防喷器的法兰螺栓一方遭受拉伸，而破坏法兰连接的密封性。

325．为什么侧门未充分旋开或固紧前，不许进行液压关井动作？

答：进行液压关井动作时，侧门会向外摆动，闸板将顶撞壳体，蹩坏闸板，蹩弯活塞杆。

326．为什么需要液控压力油应处于卸压状态时才能旋动侧门？

答：带压旋动侧门时，侧门与铰链座连接处的密封圈容易损坏。

327．为什么侧门打开后，液动伸缩闸板时须挡住侧门？

答：液动伸缩闸板时，侧门上也受有液控油压的作用，侧门会绕铰链旋动。为保证安全作，应将侧门稳固住。

328．简述直线运动式侧门更换闸板的操作步骤。

答：（1）检查蓄能器装置上控制该闸板防喷器的换向阀手柄位置，使之处于中位；

（2）拆下两侧门紧固螺栓，用气葫芦或导链分别吊住两侧门；

(3) 液压关井，使两侧门移开；

(4) 拆下旧闸板，装上新闸板，闸板装正、装平；

(5) 液压开井，使闸板向中间合拢；

(6) 在蓄能器装置上操作，将换向阀手柄扳回中位；

(7) 上紧螺栓。

329．手动机械锁紧装置有什么功用？

答：(1) 可以实现长期关井；

(2) 在液控系统出现故障时，实现手动关井。

330．闸板防喷器手动锁紧的操作要领是什么？

答：顺旋，到位，回旋 1/4 ~ 1/2 圈。

331．闸板防喷器手动解锁的操作要领是什么？

答：逆旋，到位，回旋 1/4 ~ 1/2 圈。

332．为什么闸板防喷器锁紧（解锁）时要回旋手轮？

答：回旋手轮使锁紧轴与活塞的连接螺纹间留有适当间隙以存储油液，这样既保证螺纹松动不致卡死又可使下次手动解锁操作省力。

333．液压闸板防喷器如何液压关井？

答：(1) 液压关井；

(2) 手动锁紧。

334．液压闸板防喷器如何液压开井？

答：(1) 手动解锁；

(2) 液压开井。

335．液压闸板防喷器如何手动关井？

答：(1) 操作蓄能器装置上相应换向阀使之处于关位；

(2) 手动关井。

336．为何液压闸板防喷器手动关井时必须使换向阀处于关位？

答：可以使油缸开井油腔里的液压油流回油箱。当活塞推动闸板向井眼中心运动时，开井油腔里的液压油就可以流回油箱而不致阻止活塞前进。

337．液压闸板防喷器能否手动开井？

答：液压闸板防喷器不能用手动开井，必须液压开井。

338．闸板防喷器液压关井后如何判断锁紧轴的锁紧状况？

答：(1) 对于液压关井锁紧轴随动的锁紧装置，当闸板防喷器关井后，观察锁紧轴的外露端，如果看到锁紧轴的光亮部位露出，锁紧轴外伸较长即可断定防喷器为机械锁紧工况。

(2) 对于不随活塞移动的锁紧轴，即简易锁紧装置，当锁紧轴旋入端盖内并顶住活塞杆时，是锁紧工况。

339．如何判断液压闸板防喷器侧门腔与活塞杆的一次密封失效？

答：在封井工况下，观察防喷器观察孔是否有流体溢出，如果有，就表明密封失效。

340．液压闸板防喷器塞杆的二次密封装置有何功用？

答：在封井工况下一次密封装置失效，尤其是封闭井液的密封圈损坏，将造成井液进入液缸。活塞杆的二次密封装置可以对一次密封装置失效时进行紧急补救。

341．为什么防喷器长期不使用时，不必加注二次密封脂棒？

答：长期不用会造成二次密封脂棒固化失效。

342．为什么加注二次密封脂不可过量？

答：二次密封脂摩擦阻力大而且粘附砂粒，对活塞杆损伤较大。

343．井内介质从壳体与侧门连接处流出，是什么原因？

答：(1) 侧门密封圈损坏；

(2) 侧门与壳体间密封面损坏或有脏物；

(3) 防喷器壳体与侧门连接螺栓未上紧。

344．闸板防喷器整体上、下颠倒安装使用能否有效封井？

答：不能，其顶密封和自动清砂功能会失效。

345．闸板移动方向与控制阀铭牌标志不符，是什么原因？

答：控制台与防喷器连接油管线接错。

346．液控系统正常，但闸板关不到位，是什么原因？

答：闸板接触端有其他物质或砂子、钻井液块的淤积。

347．井内介质窜到液缸内，使油中含水气，是什么原因？

答：闸板轴密封圈损坏，闸板轴变形或表面拉伤。

348．防喷器液动部分稳不住压、侧门开关不灵活，是什么原因？

答：防喷器液缸、活塞、锁紧轴、油管、开关侧门活塞杆密封圈损坏，密封表面损伤。

349．闸板关闭后封不住压，是什么原因？

答：闸板密封胶芯损坏，壳体闸板腔上部密封面损坏；闸板尺寸与井内钻具尺寸不一致。

350．控制油路正常，用液压打不开闸板，是什么原因？

答：闸板被泥砂卡住；锁紧轴未解锁；活塞密封圈窜油。

351．配装有环形防喷器的井口防喷器组，在发生井喷紧急关井时如何操作？

答：(1) 利用环形防喷器封井，其目的是一次封井成功并防止闸板防喷器封井时发生刺漏；

(2) 再用闸板防喷器封井，其目的是充分利用闸板防喷器适于长期封井的特点；

(3) 及时打开环形防喷器，其目的是避免环形防喷器长期封井作业。

352．闸板防喷器判废的标准是什么？

答：(1) 壳体侧门连接螺纹孔损坏；

(2) 壳体闸板腔室上密封面及壳体侧门平面密封部位严重损伤，且有关规定经过两次修复或无法修复者；

(3) 侧门橡胶密封圈槽及活塞杆密封圈槽严重损伤，且无法修复者；

(4) 壳体闸板腔室下支承筋或侧导向筋磨损量达 2mm 以上，经两次修复或无法修复者；

(5) 体内埋藏式油路凡是窜、漏，经焊补后油路试压不合格者。

353．旋转防喷器有什么作用？

答：(1) 封闭钻具与井眼之间的环空；

(2) 在限定的井口压力条件下可以旋转钻具；

(3) 可以进行带压起下钻作业；

(4) 通过排出管汇，对返出的油气侵钻井液进行处理，

实现连续欠平衡作业。

354．旋转防喷器常与哪些井控设备配套使用？

答：旋转防喷器常与环形防喷器、双闸板防喷器、节流压井管汇、钻杆回压阀、加压装置以及带18°坡度接头的对焊钻杆配套使用。

355．旋转防喷器型号如何标记？

答：旋转防喷器的型号标记如图2–9所示。

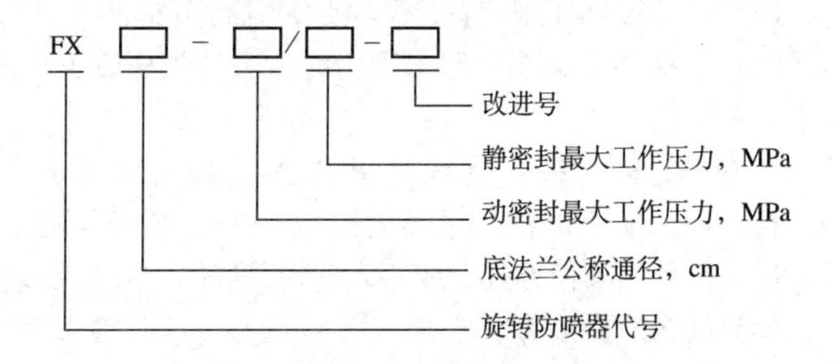

图2–9　旋转防喷器型号标记示意图

356．按照密封结构方式，旋转防喷器有哪两类？

答：按照密封结构不同，旋转防喷器有主动密封式和被动密封式（旋转控制头）两类。

357．主动密封旋转防喷器是如何实现钻具与套管间环空密封的？

答：主动密封式旋转防喷器是靠液压推动活塞，在活塞的挤压和防喷器壳体内腔的限制作用下，迫使胶芯的收缩来实现胶芯与钻具的密封。

358．被动密封旋转防喷器是如何实现封钻具与套管间环空的？

答：被动密封式旋转防喷器主要靠密封胶芯与钻具之间

的过盈起主导作用，井压起助封作用。

359. 被动旋转防喷器下钻如何操作？

答：(1) 将旋转总成放在钻台支架上；

(2) 钻具下部接引锥，将钻具与引锥插入旋转总成；

(3) 从支架提出钻具与旋转总成，卸引鞋，装钻头；

(4) 卸转盘大方瓦，经转盘通孔下放钻具与旋转总成，坐总成于壳体，装卡箍，转盘中装大方瓦；

(5) 钻具接好加压装置，开全封，强行下钻；

(6) 当钻具自重能克服上顶力时，去掉加压装置，进行正常下钻操作。

360. 被动旋转防喷器钻进作业该如何操作？

答：(1) 下钻完毕，接方钻杆，方钻杆上装好方瓦总成；

(2) 下放钻具使方瓦总成落入旋转总成的中心管方瓦内；

(3) 转盘方孔装方补心；

(4) 开节流管汇上液动平板阀；

(5) 开泵循环，保持一定的井口压力；

(6) 开冷却循环水；

(7) 开钻。

361. 旋转防喷器起钻时，钻头起至全封和自封头之间该如何操作？

答：先关全封，再开旋转防喷器壳体上的泄压塞，拆卡箍，拔出旋转总成。

362. 旋转防喷器中途如何更换胶芯总成？

答：(1) 关全封闸板防喷器；

(2) 打开旋转防喷器壳体上泄压孔泄压；

(3) 卸卡箍，提钻具，提出旋转总成；

(4) 从钻具上卸下旋转总成，将总成放在支架上，更换

自封头；

(5) 按下钻操作顺序将总成装入壳体内。

363. 旋转控制头的压力等级（静态工作压力）应如何选择？

答：(1) 小于或等于35MPa时，选择与防喷器组合压力等级相同的旋转控制头；

(2) 大于35MPa时，选择35MPa的旋转控制头；

(3) 允许使用压力等级低于防喷器组合压力等级的旋转控制头。

364. 对旋转控制头的标称尺寸和最高额定转速有什么要求？

答：旋转控制头的标称尺寸应能保证钻具组合中最大尺寸的钻具通过。旋转控制头最高额定转速应不低于100r/min。

365. 旋转防喷器对钻杆和吊卡有什么要求？

答：通过旋转控制头或旋转防喷器的钻杆应为180斜坡台阶钻杆；应选用锥形台阶吊卡。

366. 控制系统的作用是什么？

答：控制系统的作用是制备与储存足量的压力油并控制压力油的流动方向，使控制对象得以迅速开、关。

367. 控制系统由哪几部分所组成？

答：控制系统由蓄能器装置（又称远程控制台或远程台）、遥控装置（又常称司钻控制台或司控台）、辅助遥控装置（常称辅助控制台）及连接管汇所组成。

368. 蓄能器装置上的换向阀其遥控方式有哪几种？

答：液压传动遥控，气压传动遥控；电传动遥控。

369. 控制装置型号如何表示？

答：控制装置型号标记如图 2–10 所示。

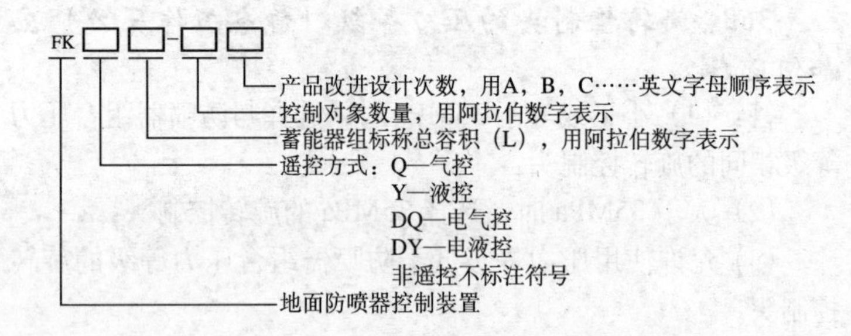

图 2–10　控制装置型号标记图

370. 司控台的功用是什么？

答：司钻控制台主要用于实现司钻在钻台上遥控远程控制台，以实现对防喷设备的控制。

371. 司钻控制台主要由哪几部分组成？

答：司钻控制台主要由各种气控阀件（气源总阀、三位四通气转阀）、气管线、压力表等组成。

372. 如何实现司控台与蓄能器装置各自独立对井口防喷器的控制？

答：司控台上的空气换向阀都设有弹簧自动复位机构，操作者动作完毕松手后，空气换向阀会自动恢复中位，蓄能器装置上二位气缸里的压缩空气立即逸入大气，确保蓄能器装置上的换向阀随时可以手动操作。

373. 司控台上的防喷器开关位置显示器有何作用？

答：可以指示井口防喷器的开关工况。

374. 司控台上如何确保操作安全的？

答：司控台上设置了双手联动系统，需要同时操作气源

总阀与空气换向阀时才能对蓄能器装置实行遥控。避免了由于偶然碰撞、扳动空气换向阀手柄而引起井口防喷器误动作事故。

375．什么是防喷器控制装置的关闭时间？

答：从扳动司钻控制台上的操作阀手柄到防喷器（或液动阀）被关闭起密封作用之间的时间称为关闭时间。

376．防喷器的实际关闭时间是如何规定的？

答：(1) 地面防喷器控制装置应能在30s内关闭任一个闸板防喷器。

(2) 标称通径小于476mm的环形防喷器，关闭时间不应超过30s。标称通径等于或大于476mm的环形防喷器，关闭时间不应超过45s。

(3) 关闭（或打开）液动阀的时间，应小于防喷器组任一闸板的时间。

377．什么是控制滞后时间？

答：指扳动司钻控制台上操作阀手柄到远程控制台三位四通转阀完成动作的时间。

378．控制装置至少需要哪两种超压保护装置？

答：一种装置是压力控制器和液气开关；另一种通常是溢流阀。

379．蓄能器的功用是什么？

答：蓄能器是用来储存足够数量的高压油，为井口防喷器、液动阀的动作提供可靠油源。

380．蓄能器胶囊中充的是何种气体？

答：氮气。

381．蓄能器是如何工作的？

答：电泵将压力油输入蓄能器钢瓶内，瓶内油量逐渐增

多，油压升高，胶囊里的氮气被压缩，实现储油过程；在防喷器开关动作用油时，胶囊氮气膨胀将油挤出，实现排油。

382. 蓄能器胶囊能否带压充氮？

答：不能，必须在无油压的条件下充氮。带压充氮不能确保充入的氮气量。

383. 什么是蓄能器的有效排油量？

答：钢瓶油压由 21MPa 降至 8.4MPa 时所排出的油量。

384. 如何用充油升压的方法检测钢瓶胶囊中的氮气预压力？

答：(1) 打开泄压阀使蓄能器压力油流回油箱；

(2) 关闭泄压阀；

(3) 启动电泵往蓄能器钢瓶里充油。密切注视蓄能器压力表的压力变化，压力表快速升压转入缓慢升压的压力转折点即胶囊预充氮气的预压力。

385. 蓄能器选配有什么原则？

答：在停泵不补油的情况下，只靠蓄能器本身的有效排油量应能满足井口全部控制对象开或关操作各一次的需要。

386. 为什么蓄能器组要安装压力源隔离阀和卸荷阀？

答：为了方便检查充气压力或将压力液排回油箱，蓄能器组要安装压力源隔离阀和卸荷阀。

387. 为什么液压油箱上要设置尺寸足够大的通气孔？

答：为了防止在液压油箱中产生压力，液压油箱上要设置尺寸足够大的通气孔。

388. 电泵有何作用？

答：电泵用来提高液压油的压力，往蓄能器里输入与补

充压力油。电泵在控制装置中做为主泵使用。

389. 为什么电泵需要专线供电？

答：为避免在紧急情况下井场电源被切断而影响电泵正常工作。

390. 控制装置投入使用时，电控箱旋钮应如何设置？

答：应将电控箱旋钮应旋至自动位，确保电泵的启停应由压力继电器控制。

391. 为什么电泵电机的接线要确保电机按照规定箭头的方向旋转？

答：电泵十字头采用的飞溅润滑方式，这样才能保证飞溅的润滑油到达十字头区域。

392. 电泵柱塞密封有何要求？

答：密封圈应松紧适度，以每分钟滴油 5 ~ 10 滴即可。

393. 气动泵的作用是什么？什么情况下使用气泵？

答：气动泵是用来向蓄能器里输入与补充压力油的，是辅助泵。

当电泵发生故障、井场停电或井场不许用电时用气泵；当控制系统需要制备 21MPa 以上的高压油时用气泵。

394. 油雾器有何作用？

答：使润滑油雾化，并随压缩空气运移，实现对气控元件的润滑。

395. 在司控台上能否操作使换向阀处于中位？

答：不能，只能使换向阀处于开位或关位。因为蓄能器装置上的控制换向的气缸均为二位气缸，欲使换向阀处于中位时，必须在蓄能器装置上手动操作。

396. 蓄能器装置上的油路旁通阀有什么作用？

答：用来将蓄能器与闸板防喷器供油管路连通或切断。

397. 蓄能器装置上的减压阀有什么作用？

答：将蓄能器的高压油降低为开关防喷器所需的合理油压。

398. 为什么环形防喷器调压阀要设置成可遥控的？

答：便于司钻在钻台上遥控，以控制环形防喷器的关井油压，实现强行起下钻。

399. 手动减压阀如何调节二次油压？

答：顺旋手轮，二次油压增高，逆旋手轮，二次油压降低。

400. 如何使用气动减压阀的气动调压？

答：(1) 在气压为零时，手动调压至规定值；

(2) 将分配阀手柄旋至“司钻控制台”位置，调节司钻控制台调节旋钮；实现对环形防喷器控制压力的调节；

(3) 将分配阀手柄旋至“远程控制台”位置，调节远程控制台调节旋钮；实现对环形防喷器控制压力的调节。

401. 如何正确使用三位四通换向阀？

答：(1) 操作时手柄应扳到位；

(2) 不能在手柄上加装锁紧装置；

(3) 手柄下方连接的二位气缸其摆动轴处有黄油嘴，应定期加注润滑脂进行润滑。

402. 蓄能器装置上三位四通换向阀手柄在正常钻进中为什么要处于开位？

答：处于“开位”可防止闸板伸出，避免损坏胶芯或闸板；处于“开位”也有利于及时判断液压管线接头是否漏油、防喷器是否有内漏等。

403．蓄能器装置上的安全阀有什么作用？

答：用来防止液控油压过高，对蓄能器、管汇进行安全保护。

404．压力继电器和压力继气器的功用是什么？

答：压力继电器是用来自动控制电泵的启动与停止的；压力继气器是用来自动控制气泵的启动与停止的。

405．蓄能器装置上的气动压力变送器有什么作用？

答：气动压力变送器用来将蓄能器装置上的高压油压值转化为相应的低压气压值，然后低压气经管线输送到遥控装置上的气压表，以气压表指示油压值。

406．对远控台与司钻控制台上压力表显示数值有何要求？

答：蓄能器压力表压差不超过 0.6MPa，管汇压力压差不超过 0.3 MPa。

407．司控台上显示的压力值比远控台上的压力值低，原因是什么？该如何处理？

答：原因是：

（1）一次气压低于规定值；

（2）放大器恒节流孔导管堵塞。

处理办法是调节一次气压值或者顶通恒节流孔导管孔。

408．报警装置的功能有哪些？

答：（1）蓄能器压力低报警；

（2）气源压力低报警；

（3）油箱液位低报警；

（4）电泵运转指示。

409．氮气备用系统有什么作用？

答：可为控制管汇提供应急辅助的能量，也可为司钻控

制台提供备用气源。

410. 压力补偿装置有什么作用？

答：装在控制环形防喷器管路上的压力补偿装置可以吸收环形防喷器过接头时产生的压力波动，又可使环形防喷器在过接头后胶芯迅速复位。

411. 在司钻控制台上如何进行开（关）井操作？

答：在司钻控制台上关井时，司钻一手搬动气源总阀的手柄，使其处于开位；同时另一手操纵相应的三位四通转阀，使其处于开（关）位。两手同时动作，握持手柄时间不得少于规定时间，操作完毕，双手松开，两阀自动复位。

412. 蓄能器装置调试时空负荷运转的目的是什么？

答：疏通油路；排除管路中空气；检查电泵、气泵空载运行情况。

413. 蓄能器装置空负荷运转前应做哪些准备工作？

答：(1) 按规定注入液压油。

(2) 按规定注入润滑油。

(3) 电源总开关合上，电压380V。装有气源截止阀的控制装置，须将截止阀打开，气源压力达到规定值。

(4) 蓄能器进出油截止阀打开；蓄能器钢瓶下部截止阀全开。

(5) 电泵、气泵进油阀全开。

(6) 三位四通换向阀手柄处于中位。

(7) 气泵进气旁通截止阀关闭。

(8) 旁通阀手柄处于开位。

(9) 泄压阀打开。

414. 蓄能器装置空负荷运转如何操作？

答：(1) 电控箱旋钮转至手动位置启动电泵。检查电泵

链条的旋转方向；柱塞密封装置的松紧程度，柱塞运动的平稳状况。电泵运转规定时间后手动停泵；

(2) 开气泵进气阀启动气泵，检查气泵工作是否正常。关气泵进气阀，停泵；

(3) 关闭泄压阀。旁通阀手柄扳至关位。

415. 蓄能器装置带负荷运转的目的是什么？

答：检查管路密封情况以及部件的技术指标。

416. 蓄能器装置带负荷运转如何操作？

答：(1) 手动启动电泵。检查管路密封情况。

(2) 观察环形防喷器供油压力表与闸板防喷器供油压力表，检查或调节两个减压阀的二次油压。

(3) 开、关泄压阀，使蓄能器油压降至启动压力以下，手动启动电泵，使油压升至蓄能器安全阀调定值，检查或调节蓄能器安全阀的开启压力。手动停泵。

(4) 开、关泄压阀，使蓄能器油压降至启动压力以下，自动位启动电泵（电控箱旋钮转至自动位置）。检查压力继电器的工作效能。最后，将电控箱旋钮旋至停位、停泵。

(5) 开、关泄压阀，使蓄能器油压降压，开气泵进气阀，启动气泵。检查或调节压力继气器工作效能。关气泵进气阀，停泵。

(6) 检查或调节气动压力变送器的输入气压，核对蓄能器装置与遥控装置上三副压力表的压力值。

(7) 检查管汇安全阀的开启压力。

417. 远程控制台处于“待命”工况时有哪些要求？

答：(1) 电源空气开关合上，电控箱旋钮旋至自动位；

(2) 装有气源截止阀的控制装置，将气源截止阀打开；

(3) 气源压力表显示达到规定值；

(4) 蓄能器钢瓶下部截止阀全开；

(5) 电泵与气泵输油管线汇合处的截止阀打开；

(6) 电泵、气泵进油阀全开；

(7) 泄压阀关闭；

(8) 旁通阀手柄处于关位；

(9) 换向阀手柄处于中位；

(10) 蓄能器压力表显示规定值；

(11) 环形防喷器供油管路压力表显示10.5MPa；

(12) 闸板防喷器供油管路压力表显示10.5MPa；

(13) 压力继电器调定值上限、下限达到规定值；

(14) 气泵进气管路旁通截止阀关闭；

(15) 气泵进气阀关闭；

(16) 气动压力变送器的一次气压表显示达到规定值；

(17) 油箱中油量高于下部油位计下限；

(18) 油雾器油杯油量过半。

418.控制装置运行时有噪声是什么原因？

答：系统油液中混有气体。

419.电动机不能启动是什么原因？

答：(1) 电源参数不符合要求；

(2) 电控箱内电器元件失效；

(3) 柱塞密封过紧。

420.电泵启动后系统不升压或升压太慢，泵运转时声音不正常，是什么原因？

答：(1) 油箱液面太低；

(2) 吸油口闸阀未打开，或者吸油口滤油器堵塞；

(3) 控制管汇上的卸荷阀未关闭；

(4) 电动油泵故障。

421. 电动油泵不能自动停止运行，是什么原因？

答：(1) 压力控制器油管或接头处堵塞或有漏油现象；

(2) 压力控制器失灵。

422. 在司钻控制台上不能开、关防喷器或相应动作不一致，是什么原因？

答：(1) 空气管缆中的管芯接错；

(2) 管芯折断或堵死；

(3) 连接法兰密封圈窜气。

423. 蓄能器充油升压后油压不稳是什么原因？

答：(1) 管路活接头、弯头出现泄漏；

(2) 换向阀手柄未扳到位；

(3) 液压阀件磨损；

(4) 卸荷阀未全关。

424. 调压阀出口压力太高是什么原因？

答：阀内密封环的密封面上垫有污物。

425. 防喷器控制装置的判废条件是什么？

答：防喷器控制装置具备以下条件之一者，强制判废：

(1) 出厂时间满十八年的；

(2) 主要元件（泵、换向阀、调压阀及储能器）累计更换率超过 50% 的；

(3) 经维修后，主要性能指标仍达不到行业标准 SY/T 5053.2—2007《钻井井口控制设备及分流设备控制系统规范》规定要求的；

(4) 对回库检验及定期检验中发现的缺陷无法修复的；

(5) 主要元器件损坏，无修复价值的，分别报废。

426. 套管头有什么作用？

答：(1) 通过悬挂器支撑除表层之外的各层套管的重量；

（2）承受井口装置的重量；

（3）可在内外套管柱之间形成压力密封；

（4）为可能蓄积在两层套管柱之间的压力提供了一个出口，或在紧急情况下向井内泵入液体；

（5）可进行钻采工艺方面的特殊作业。

427. 简述套管头的结构和各部分的功能。

答：套管头主要由套管头本体、套管悬挂器总成、侧通道连接件组成。

（1）套管头本体是支撑悬挂器，形成主侧通道的承压件。

（2）套管悬挂器总成是用来悬挂套管，并在内外两管柱之间形成环状密封的重要部件。

（3）侧通道连接件是检测环空压力和流体流动的通道。

428. 套管悬挂器有哪两种？

答：套管悬挂器有卡瓦式和螺纹式（芯轴式）两种。

429. 卡瓦式套管悬挂器有哪几种类型？

答：卡瓦式套管悬挂器有 W 型、WD 型、WE 型三种。

430 芯轴式悬挂器如何实现悬挂器与套管头本体间环空密封的？

答：利用橡胶密封件或金属密封件实现环空密封。

431. 卡瓦式悬挂器如何实现悬挂器与套管头本体间环空密封的？

答：利用橡胶密封件实现环空密封。

432. 套管头有哪两种型式？

答：套管头有标准套管头和简易套管头两种型式。

433. 简述简易套管头组成结构。

答：简易套管头由连接法兰、双外螺纹短节、放气阀、衬套、环形铁板等零部件组成。其结构如图 2–11 所示。

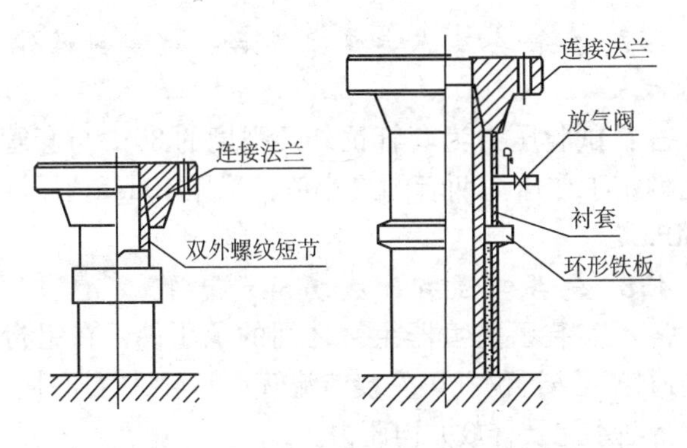

图 2–11　简易套管头结构示意图

434. 在哪些井中，需要安装使用标准套管头？

答：含硫油气井、高压油气井、天然气井、高气油比油井、深井、探井、复杂井应安装使用标准套管头。

435. 对芯轴式标准套管头本体侧通道出口直径有什么要求？

答：其直径应大于等于 65mm。

436. 套管头型号如何标记？

答：套管头型号标记如图 2–12 所示。

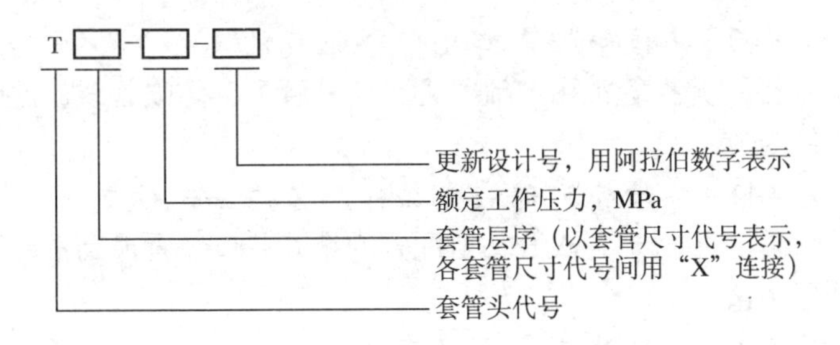

图 2–12　套管头型号标记图

437．套管头本体安装完毕后，对密封性能试验有何要求？

答：试验压力为套管抗外及强度的80%与套管头连接法兰额定工作压力两者的最小值，稳压10min，压降不大于0.7MPa。

438．钻井四通有什么功用？

答：安装于防喷器组合之间的承压件，在组合间形成主侧通道，通过侧孔可安装节流管汇，可进行压井、节流循环，挤注水泥及释放井内压力。

439．钻井四通如何标记？

答：钻井四通的标记如图2−13所示。

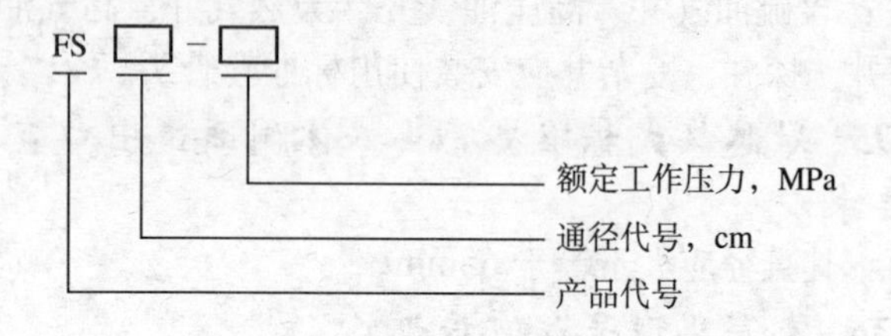

图2−13　钻井四通型号标记图

440．井控管汇由哪几部分组成？

答：井控管汇由节流管汇、压井管汇、防喷管线、放喷管线组成。

441．井控管汇的额定工作压力应如何确定？

答：不低于各次开钻所配置的钻井井口装置最高额定工作压力值。

442．节流管汇主要功用是什么？

答：(1) 通过节流阀的节流作用实施压井作业，替换出

井里被污染的钻井液，同时控制井口套管压力与立管压力，恢复钻井液液柱对井底的压力控制，重建井内压力平衡；

（2）通过节流阀的泄压作用，实现“软关井”；

（3）通过放喷阀的放喷作用，降低井口套管压力，保护井口。

443. 钻井工艺对节流管汇有哪些要求？

答：（1）节流管汇中节流阀以前各部件（按液流流动方向而言）额定工作压力应与防喷设备额定工作压力相等；节流阀以后各部件的额定工作压力比防喷设备额定工作压力低一个压力等级；

（2）放喷管线直径不应小于节流管线直径；

（3）节流管汇与防喷设备连接的管线一定要平直，并接出井架底座以外。

444. 压井管汇主要功用是什么？

答：（1）当用全封闸板全封井口时，通过压井管汇往井筒里强行吊灌重泥浆，实施压井作业；

（2）当已经发生井喷时，通过压井管汇往井口强注清水，以防燃烧起火；

（3）当已井喷着火时，通过压井管汇往井筒里强注灭火剂，能助灭火。

445. 我国节流压井管汇的最大工作压力有哪几个级别？

答：我国节流压井管汇的最大工作压力有 6 个压力级别，分别为：14MPa、21MPa、35MPa、70MPa、105MPa、140MPa。

446. 节流管汇的型号如何表示？

答：节流管汇的型号表示如图 2-14 所示。

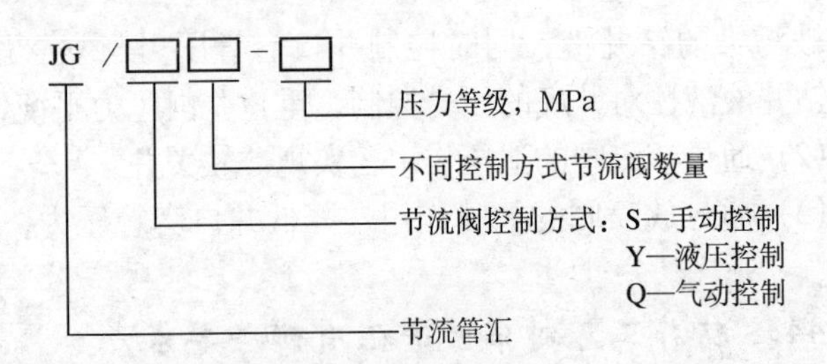

图 2–14　节流管汇型号表示图

447. 压井管汇型号如何表示？

答：节流管汇的型号表示如图 2–15 所示。

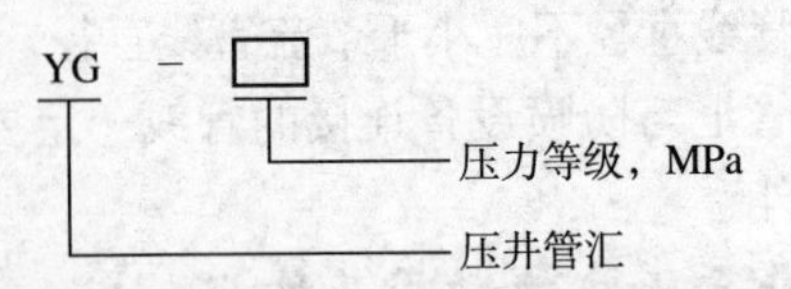

图 2–15　压井管汇型号表示图

448. 节流管汇有哪几种组合形式？

答：节流管汇的组合形式如图 2–16 所示。

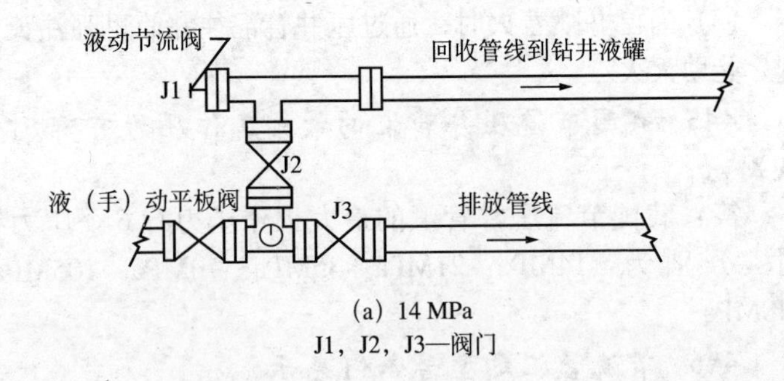

(a) 14 MPa

J1，J2，J3—阀门

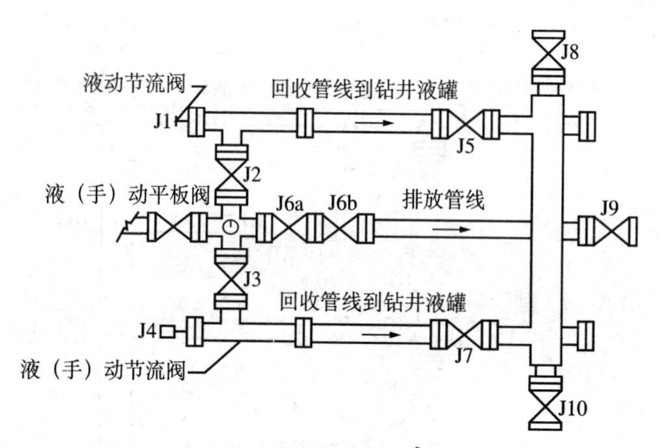

（b）21 MPa

J1，J2，J3，J4，J5，J6a，J6b，J7，J8，J9，J10—阀门

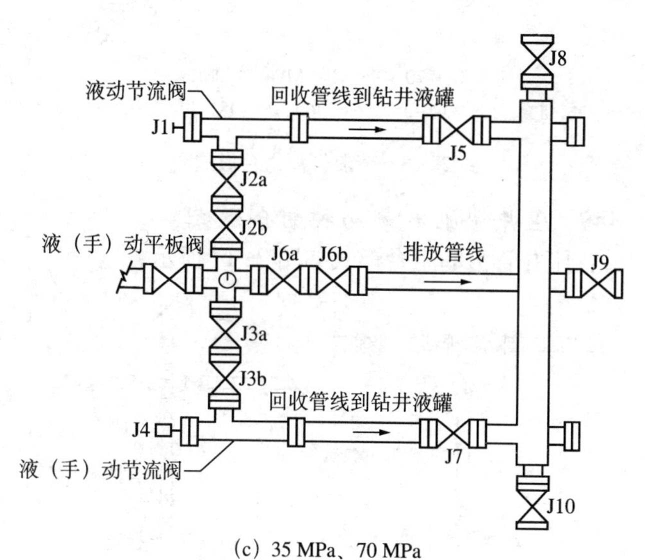

（c）35 MPa、70 MPa

J1，J2a，J2b，J3a，J3b，J4，J5，J6a，J6b，J7，J8，J9，J10—阀门

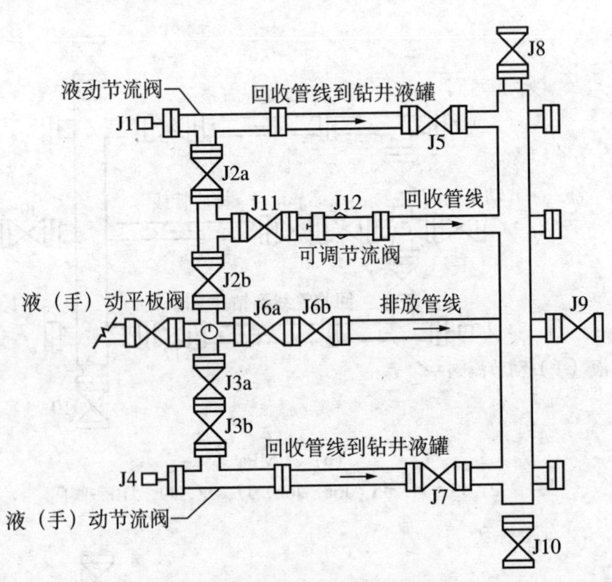

（d）70 MPa、105 MPa、140MPa

J1，J2a，J2b，J3a，J3b，J4，J5，J6a，J6b，J7，J8，J9，J10，J11，J12—阀门

图 2–16　节流管汇组合形式图

449. 压井管汇有哪两种组合形式？

答：压井管汇的组合形式如图 2–17 所示。

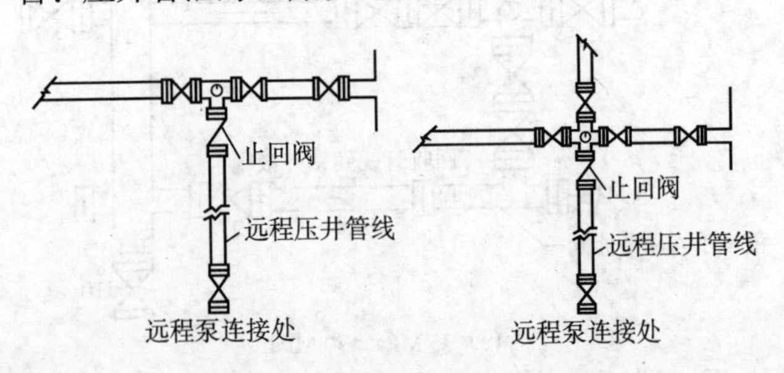

图 2–17　压井管汇组合形式图

450. 对井控管汇部件通径有什么规定？

答：四通至节流管汇之间的部件通径不小于78mm；四通至压井管汇之间的部件通径不小于52mm。

451. 开启手动平板阀的动作要领是什么？

答：逆旋、到位、回旋1/4 ~ 1/2圈。

452. 关闭手动平板阀的动作要领是什么？

答：顺旋、到位、回旋1/4 ~ 1/2圈。

453. 为什么操作手动平板阀到位后要回旋1/4 ~ 1/2圈？

答：回旋是为了保证阀板自由浮动。阀板与阀座间密封良好。

454. 能否将平板阀当节流阀使用？

答：不能，平板阀在半开半关状态下，高速的井液冲蚀将使其过早损坏。

455. 节流阀有什么作用？

答：进行控制时，可以开大调小形成不同的节流回压，从而调节井底压力。

456. 按照阀芯的结构的不同，节流阀有哪两种？

答：按照阀芯的结构的不同，节流阀有筒式节流阀和双盘半开式节流阀（超级节流阀）两种。

457. 节流阀能否密封断流？

答：筒式节流阀只能阻流而不能断流，双盘半开式节流阀既可阻流又可断流。

458. 液控箱处于待命工况时，各阀件及仪表有什么要求？

答：(1) 气源压力表、调压阀的输出气压表、油压表达到规定值；

(2) 阀位开启度表达到规定值；

(3) 换向阀手柄处于中位；

(4) 调速阀打开；

(5) 泄压阀关闭；

(6) 立压表开关旋钮旋闭；

(7) 立压表显示零压；

(8) 套压表显示零压。

459. 什么是钻具内防喷工具？

答：钻具内防喷工具是装在钻具管串上的专用工具，用来封闭钻具的中心通孔，与井口防喷器组配套使用。

460. 钻具内防喷工具有什么功用？

答：防止钻井液沿钻柱水眼向上喷出，保护水龙带。

461. 常用的钻具内防喷工具有哪些？

答：钻具内防喷工具包括上部和下部方钻杆旋塞阀、钻具止回阀和防喷钻杆。

462. 方钻杆旋塞阀有什么功用？

答：(1) 当关井压力过高，钻具止回阀失效或未装钻具止回阀时，可以关闭方钻杆旋塞阀，免使水龙带被憋破；

(2) 上部和下部方钻杆旋塞阀一起联合使用，若上旋塞阀失效时，可提供第二个关闭阀；

(3) 当需要在钻柱上装止回阀时，可以先关下旋塞阀，在下旋塞阀以上卸掉方钻杆，然后将投入式止回阀投入到钻具内接上方钻杆，开下旋塞阀，利用泵将止回阀送到位。

463. 方钻杆旋塞阀主要有哪些零部件组成？

答：方钻杆旋塞阀主要由本体、上、下球座、弹簧、操作键、挡圈、挡圈套、密封件、扳手等组成，如图 2-18 所示。

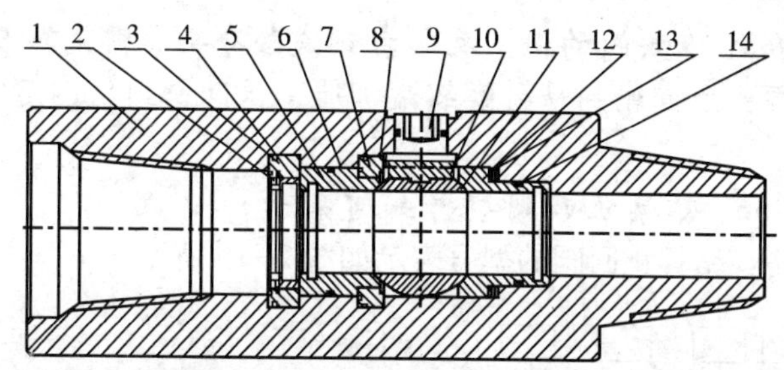

1—本体；2—孔用孔挡圈；3—卡环；4—挡圈；5—上阀座；6—密封件；7—挡环；8—定位环；9—旋钮；10—拨块；11—球；12—下阀座；13—叠簧；14—密封件

图 2–18　方钻杆旋塞阀结构图

464. 方钻杆旋塞阀使用中应注意哪些问题？

答：(1) 油气层中钻进，采用转盘驱动时应装方钻杆上、下旋塞阀，使用顶驱时采用顶驱自带的自动和手动两个旋塞阀。

(2) 方钻杆下旋塞阀不能与其下部钻具直接连接，应通过保护接头与下部钻具连接。

(3) 使用前检查扳手是否配套，坚持每天开关活动各旋塞阀一次，保持旋塞阀开关灵活。

(4) 方钻杆旋塞阀选用时应保证其最大工作压力与井口防喷器组的压力等级一致。使用前，必须仔细检查各螺纹连接部位，不得有任何损伤或连接处螺纹松动现象，方钻杆旋塞阀在连接到钻柱上之前，须处于“全开”状态。

(5) 旋塞阀开关要到位，严禁处于半开、半关状态。

(6) 在抢接止回阀或旋塞阀时，建议使用专用的抢接工具。

(7) 当关闭旋塞后，上下压差过大难以打开时，应考虑在球阀上部加压打开旋。

465. 旋塞阀的正、反向密封试验分别从哪端加压？

答：反向密封从外螺纹端加压，正向密封从内螺纹端加压。

466. 钻具止回阀型号如何表示？

答：钻具止回阀的型号表示如图 2−19 所示。

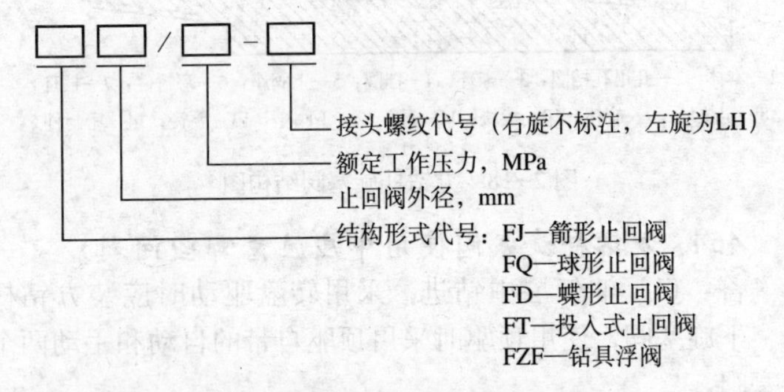

图 2−19　钻具止回阀型号表示图

467. 油气层钻井作业中，哪些特殊情况可以不安装钻具止回阀和旁通阀？

答：(1) 堵漏钻具组合；

(2) 下尾管前的称重钻具组合；

(3) 处理卡钻事故中的爆炸松扣钻具组合；

(4) 穿心打捞测井电缆及仪器组合；

(5) 传输测井钻具组合。

468. 钻具止回阀的安装位置是如何规定的？

答：(1) 常规钻进、通井等钻具组合，止回阀接在钻头与入井第一根钻铤之间；

(2) 带井底动力钻具的钻具组合，止回阀接在井底动力钻具与入井的第一根钻具之间；

(3) 在油气层中取芯钻进应使用非投球式取芯工具。止回阀接在取芯工具与入井的第一根钻具之间。

469. 旁通阀的安装位置是如何规定的？

答：(1) 应安装在钻铤与钻杆之间；

(2) 无钻铤的钻具组合，应安装在距钻具止回阀 30m ~ 50m 处；

(3) 水平井、大斜度井，应安装在井斜 50° ~ 70° 井段的钻具中。

470. 装有钻具止回阀时，下钻过程中如何操作？

答：应坚持每下 20 ~ 30 柱钻杆向钻具内灌满一次钻井液。下钻至主要油气层顶部前应灌满钻井液，再循环一周排出钻具内的剩余压缩空气后方可继续下钻。下钻到井底也应用专用灌钻井液装置灌满钻井液后再循环。

471. 除气器依其结构或工作原理不同，可分为哪几种？

答：初级除气器、常压除气器、真空除气器、离心真空式除气器。

472. 简述初级除气器的工作原理。

答：从井内经节流管汇的汇管返出的含气钻井液，从切向进入分离器总成的旋流体，部分气体从钻井液中分离出来，经初次分离后的钻井液，按分离板布置的流动方向经分离板，表面积增大，并在分离板上分散成薄层使气体暴露在钻井液的表面，气泡破裂，从而使钻井液和气体得到进一步分离。

473. 简述真空除气器的工作原理。

答：工作时气侵钻井液在罐内外压差的作用下，通过进液阀被送到罐的顶部入口，进入罐内以后，由上到下通

过伞板和二层斜板，被摊成薄层，其内部的气泡被暴露到表面，气液得到分离，气体往上被真空泵的吸入管吸出而排往大气中。

474. 现场常用的起钻灌钻井液装置有哪三种？

答：现场常用的起钻灌钻井液装置有重力灌注式、强制灌注式和自动灌注式三种。

475. 液位监测报警仪通常要具有哪些功能？

答：数据采集和处理功能、显示与报警功能、报表打印功能、数据存储功能。

476. 对防喷器组安装有什么要求？

答：(1) BX型密封垫环只能使用一次；

(2) 必须装齐闸板手动操作杆，靠手轮端应支撑牢固，操作杆与锁紧轴与中心线的偏斜不大于30°，操作手轮应位于大门两侧；

(3) 闸板防喷器不可整体上、下颠倒安装；

(4) 防喷器安装完毕后必须校正井口、转盘、天车中心，其偏差不大于10mm。防喷器用16mm的钢丝绳在井架底座的对角线上绷紧；

(5) 井口防喷器的液控油路接口朝向井架后大门；

(6) 防喷器顶部安装防溢管时，用螺栓连接，不用的螺孔用螺钉堵住。防溢管与顶盖的密封用密封垫环或专用橡胶圈。

477. 防喷器远程控制台安装有什么要求？

答：(1) 安装在面对井架大门左侧、距井口不少于25m的专用活动房内，距放喷管线或压井管线应有1m以上距离，并在周围留有宽度不少于2m的人行通道，周围10m内不得堆放易燃、易爆、腐蚀物品；

(2) 管排架与防喷管线及放喷管线的距离不少于 1m，车辆跨越处应装过桥盖板；不允许在管排架上堆放杂物和以其作为电焊接地线或在其上进行焊割作业；

(3) 总气源应与司钻控制台气源分开连接，并配置气源排水分离器；严禁强行弯曲和压折气管束；

(4) 电源应从配电板总开关处直接引出，并用单独的开关控制；

(5) 蓄能器完好，压力达到规定值，并始终处于工作压力状态。

478. 放喷管线安装有什么要求？

答：(1) 放喷管线至少应有 2 条，其通径不小于 78mm；

(2) 放喷管线不允许在现场焊接；

(3) 布局要考虑当地季节风向、居民区、道路、油罐区、电力线及各种设施等情况；

(4) 两条管线走向一致时，应保持大于 0.3m 的距离，并分别固定；

(5) 管线尽量平直引出，如因地形限制需要转弯，转弯处应使用角度大于 120° 的铸（锻）钢弯头；

(6) 管线出口应接至距井口 75m 以上的安全地带，距各种设施不小于 50m；

(7) 管线每隔 10 ~ 15m、转弯处、出口处用水泥基墩加地脚螺栓或地锚或预制基墩固定牢靠，悬空处要支撑牢固；若跨越 10m 宽以上的河沟、水塘等障碍，应架设金属过桥支撑；

(8) 水泥基墩的预埋地脚螺栓直径不小于 20mm，长度大于 0.5m。

479. 对井控装备试压有什么规定？

答：(1) 在井控车间（基地），环形防喷器（封闭钻杆，不封空井）、闸板防喷器、四通、压井管汇、防喷管汇和节流管汇（节流阀前）应试额定工作压力；节流阀后的节流管汇的密封试压，按较其额定工作压力低一个压力等级试压。

(2) 在钻井现场安装好后，试验压力应在不超过套管抗内压强度80%的前提下，环形防喷器封闭钻杆试压到额定工作压力的70%，闸板防喷器、四通、压井管汇、防喷管汇和节流管汇（节流阀前）试压到额定工作压力；节流阀后的节流管汇的密封试压，按较其额定工作压低一个压力等级试压。

(3) 钻开油气层前及更换井控装置部件后，应用堵塞器或试压塞按有关要求及条件试压。

(4) 防喷器控制系统应用21MPa油压作一次可靠性试压。

(5) 放喷管线密封试压应不低于10MPa。

(6) 除防喷器控制系统外，其余井控装置均应采用清水密封试压。

(7) 上述压力试验稳压时间均应不少于10min。密封部位如有渗漏，对环形防喷器其压降应不大于1.0MPa，闸板防喷器应不大于0.7MPa。

第三部分 硫化氢防护

480．什么是阈限值？

答：阈限值是指几乎所有工作人员长期暴露都不会产生不利影响的某种有毒物质在空气中的最大浓度。

481．硫化氢和二氧化硫的阈限值分别是多少？

答：硫化氢的阈限值为 15mg/m^3（10ppm），二氧化硫的阈限值为 5.4mg/m^3（2ppm）。

482．什么是安全临界浓度？

答：安全临界浓度是指工作人员在露天安全工作 8h 可接受的某种有毒物质的最高浓度。

483．硫化氢的安全临界浓度为多少？

答：硫化氢的安全临界浓度为 30mg/m^3（20ppm）。

484．什么是危险临界浓度？

答：危险临界浓度是指达到此浓度时，对生命和健康会产生不可逆转的或延迟性的影响。

485．硫化氢的危险临界浓度为多少？

答：硫化氢的危险临界浓度为 150mg/m^3（100ppm）。

486．什么是氢脆？

答：氢脆是指化学腐蚀产生的氢原子，在结合成氢分子时体积增大，致使低强度钢和软钢发生氢鼓泡、高强度钢产生裂纹，使钢材变脆。

487．什么是硫化物应力腐蚀开裂？

答：硫化物应力腐蚀开裂是指钢材在足够大的外加拉力或残余张力下，与氢脆裂纹同时作用发生的破裂。

488．什么是硫化氢分压？

答：硫化氢分压是指在相同温度下，一定体积天然气中所含硫化氢单独占有该体积时所具有的压力。

489．什么是含硫化氢天然气？

答：含硫化氢天然气是指天然气的总压等于或大于0.4MPa（60psi），而且该气体中硫化氢分压等于或高于0.0003MPa；或硫化氢含量大于75mg/m^3（50ppm）的天然气。

490．硫化氢的物理性质是什么？

答：（1）相对密度为1.189，比空气重，极易聚集在低凹处；

（2）能燃烧，燃点为260℃；

（3）易溶于水和油，在20℃、1个大气压下，一体积的水可溶解2.9体积的H_2S，随温度升高溶解度下降；

（4）在低浓度时可闻到臭鸡蛋味，当浓度高于4.6ppm时，人的嗅觉迅速钝化而感觉不出H_2S的存在。

491．硫化氢侵入人体的途径有哪几种？

答：（1）呼吸道吸入；

（2）皮肤吸收；

（3）消化道吸收。

492．硫化氢对人体有什么危害？

答：硫化氢对人体的危害如表3-1所示。

表 3–1　硫化氢对人体危害表

H_2S 浓度，ppm	危害程度
0.13 ~ 4.6	可嗅到臭鸡蛋味，一般对人体不产生危害
4.6 ~ 10	刚接触有刺热感，但会很快消失
10 ~ 20	我国临界浓度规定为 20ppm，超过此浓度必须戴防毒面具
50	允许直接接触 10min
100	刺激咽喉，3 ~ 10min 会损伤嗅觉和眼睛，轻微头痛、接触 4h 以上导致死亡
200	立即破坏嗅觉系统，时间稍长咽、喉将灼伤，导致死亡
500	失去理智和平衡，2 ~ 15min 内出现呼吸停止，如不及时抢救，将导致死亡
700	很快失去知觉，停止呼吸，若不立即抢救将导致死亡
1000	立即失去知觉，造成死亡，或永久性脑损，智力损残
2000	吸上一口，将立即死亡，难于抢救

493．硫化氢中毒一般护理有哪些要求？

答：(1) 若中毒者被转移到新鲜空气区后能立即恢复正常呼吸，可认为其已迅速恢复正常；

(2) 当呼吸和心跳完全恢复后，可给中毒者饮些兴奋性饮料，如浓茶、浓咖啡等；

(3) 如果中毒者眼睛受到轻微损害，可用清水冲洗或冷敷，同时上些抗生素眼膏或滴眼药水，或用醋酸可的松眼药水滴眼，每日数次，直至炎症好转；

(4) 哪怕是轻微中毒，也要休息 1 ~ 2 天，不得再度受硫化氢伤害，因为被硫化氢伤害过的人，对硫化氢的抵抗力

变得更低了。

494. 简述硫化氢中毒的早期抢救措施。

答：(1) 进入毒气区抢救中毒者，必须先戴上空气呼吸器；

(2) 迅速将中毒者从毒气区抬到通风且空气新鲜的上风区域，其间不能乱抬乱背，应将中毒者放于平坦干燥的地方；

(3) 如果中毒者没有停止呼吸，应使中毒者处于放松状态，解开其衣扣，保持其呼吸道的通畅，并给予输氧，随时保持中毒者的体温；

(4) 如果中毒者已经停止呼吸和心跳，应立即进行人工呼吸和胸外按压，有条件的可使用呼吸器代替人工呼吸，直至呼吸和心跳恢复正常。

495. 硫化氢对金属的腐蚀形式有哪几种？

答：(1) 电化学失重腐蚀；

(2) 氢脆（氢鼓泡、氢致开裂）；

(3) 硫化物应力腐蚀开裂。

496. 什么是氢脆破坏？

答：氢脆破坏是指以氢脆和硫化物应力腐蚀开裂为主的腐蚀。

497. 硫化物应力腐蚀开裂有何特征？

答：(1) 断口平整，无塑性变形；

(2) 主要发生在拉应力状态下；

(3) 多发生在设备使用时间不长，属低应力破坏；

(4) 突发性断裂；

(5) 多发生在应力集中的地方。

498. 影响硫化氢对金属腐蚀的因素有哪些？

答：(1) 硫化氢浓度；

(2) 细菌环境；

（3）温度；

（4）pH 值。

499．当温度达到多少时，不会发生硫化物应力腐蚀现象？

答：93℃。

500．温度对电化学失重腐蚀有何影响？

答：温度升高，电化学失重腐蚀速度加快。

501．适合硫化氢环境使用的管材有哪些？

答：（1）API 钻杆：D 级、E 级、X−95 级。

（2）API 套管：H−40、J55、K55、C−75、C−90、L−80、S−80、SS−95、RY−85、MN−80 等。

502．不适合 H_2S 环境使用的管材有哪些？

答：（1）API 钻杆：G−105、S−135。

（2）API 套管：N−80、P−105、P−110 及 S−95、S−105 等。

503．在含硫地层作业时，钻杆应如何控制拉应力？

答：拉应力应控制在钢材屈服强度的 60% 以下。

504．硫化氢对非金属材料有何影响？

答：（1）会使橡胶鼓泡胀大、失去弹性；

（2）会使浸油石墨及石棉绳上的油溶解而导致密封件失效。

505．可用于 H_2S 环境的非金属密封件材料有哪些？

答：氟塑料（聚四氟乙烯、F−46）、聚苯硫醚塑料和氟橡胶（F−46、F−246）、丁腈橡胶、氯丁橡胶。

506．国内适合硫化氢环境的钻具和套管用的螺纹油有哪些？

答：8401 钻杆螺纹油，8503 油套管密封脂以及 7405、7409 螺纹密封脂。

507. 硫化氢对水基钻井液有何影响?

答：密度下降；pH 值下降；粘度上升；颜色变为瓦灰色、墨色或墨绿色。

508. 现场常用的除硫剂是什么?

答：微孔碱式碳酸锌、氧化铁（海绵铁）。

509. 在哪种情况下，需在钻井液中添加除硫剂?

答：钻井液中硫化氢散发到空中的浓度超过安全临界浓度或钻井液中硫化氢含量超过 50mg/m³（33.3ppm）时，需在钻井液中添加除硫剂。

510. 当硫化氢的浓度可能超过在用的监测仪的量程时，应如何配置监测仪器?

答：在现场准备一个量程为 1500mg/m³（1000ppm）的监测仪器。

511. 何时应在现场配备便携式二氧化硫检测仪或带有检测管的比色指示监测器?

答：二氧化硫在大气中的含量超过 5.4mg/m³（2ppm）时。

512. 硫化氢监测传感器应在哪些位置安装?

答：(1) 方井；

(2) 钻井液出口管口、接收罐和振动筛；

(3) 钻井液循环罐；

(4) 司钻或操作员位置；

(5) 井场工作室；

(6) 未列入进入限制空间计划的所有其他硫化氢可能聚集的区域。

513. 作业现场应至少配备几台便携式硫化氢监测仪?

答：作业现场应至少配备 5 台便携式硫化氢监测仪。

514．硫化氢监测仪的警报是如何设置的？

答：（1）第一级报警值应设置在阈限值［硫化氢含量15mg/m^3（10ppm）］；

（2）第二级报警值应设置在安全临界浓度［硫化氢含量30mg/m^3（20ppm）］；

（3）第三级报警值应设置在危险临界浓度［硫化氢含量150mg/m^3（100ppm）］，报警信号应与二级报警信号有明显区别。

515．当硫化氢监测仪发出第一级报警时，应该采取什么应急措施？

答：（1）立即安排专人观察风向、风速以便确定受侵害的危险区；

（2）切断危险区的不防爆电器的电源；

（3）安排专人佩戴正压式空气呼吸器到危险区检查泄露点；

（4）非作业人员撤入安全区。

516．当硫化氢监测仪发出第二级报警时，应该采取什么应急措施？

答：（1）戴上正压式空气呼吸器；

（2）向上级（第一责任人及授权人）报告；

（3）指派专人至少在主要下风口距井口100m，500m和1000m处进行硫化氢监测，需要时监测点可适当加密；

（4）实施井控程序，控制硫化氢泄漏源；

（5）撤离现场的非应急人员；

（6）清点现场人员；

（7）切断作业现场可能的着火源；

（8）通知救援机构。

517．当硫化氢监测仪发出第三级报警时，应该采取什么应急措施？

答：(1) 由现场总负责人或其指定人员向当地政府报告，协助当地政府作好井口500m范围内居民的疏散工作，根据监测情况决定是否扩大撤离范围；

(2) 关停生产设施；

(3) 设立警戒区，任何人未经许可不得入内；

(4) 请求援助。

518．对监测设备的检查、校验和测试的记录保存时间有什么要求？

答：保存时间至少一年。

519．对监测设备的警报功能测试时间间隔有什么要求？

答：至少每天一次。

520．当空气中硫化氢浓度超过多少时，应佩戴正压式空气呼吸器？

答：30 mg/m^3 (20ppm)。

521．正压式空气呼吸器的有效供气时间应大于多少？

答：30min。

522．陆上钻井队对正压式空气呼吸器的配置数量有什么要求？

答：当班生产班组应每人配备一套，另配备一定数量作为公用。

523．对正压式空气呼吸器检查有什么要求？

答：每月至少检查1次，并且在每次使用前后都应进行检查。月度检查记录（包括检查日期和发现的问题）应至少

保留12个月。

524．对正压式空气呼吸器空气的质量有什么要求？

答：(1) 氧气含量19.5% ~ 23.5%；

(2) 空气中凝析烃的含量小于或等于5×10^{-6}（体积分数）；

(3) 一氧化碳的含量小于或等于$12.5mg/m^3$（10ppm）；

(4) 二氧化碳的含量小于或等于$1960mg/m^3$（1000ppm）；

(5) 没有明显的异味。

525．对使用的呼吸空气压缩机有什么要求？

答：(1) 避免污染的空气进入空气供应系统。当毒性或易燃气体可能污染进气口的情况发生时，应对压缩机的进口空气进行监测；

(2) 减少水分含量，以使压缩空气在一个大气压下的露点低于周围温度5 ~ 6℃；

(3) 依照制造商的维护说明定期更新吸附层和过滤器。压缩机上应保留有资质人员签字的检查标签；

(4) 对于不是使用机油润滑的压缩机，应保证在呼吸空气中的一氧化碳值不超过$12.5mg/m^3$（10ppm）；

(5) 对于机油润滑的压缩机，应使用高温或一氧化碳警报，或二者皆备，以监测一氧化碳浓度。如果只使用高温警报，则应加强入口空气的监测，以防止在呼吸空气中的一氧化碳超过$12.5mg/m^3$（10ppm）。

526．对可能钻遇硫化氢的作业，井场的警示标志如何设置？

答：(1) 当硫化氢浓度小于$15mg/m^3$（10ppm）时，井场挂绿色警示牌；

(2) 当硫化氢浓度在 15 ~ 30mg/m³ (10 ~ 20ppm) 之间时，井场挂黄色警示牌；

(3) 当硫化氢浓度大于或可能大于 30mg/m³ (20ppm) 时，井场挂红色警示牌。

527. 易产生引火源的设施应布置在易聚集天然气装置的什么方向?

答：上风方向。

528. 井场上哪些地方容易排出和聚集天然气?

答：井口、节流管汇、天然气火炬装置或放喷管线、液气分离器、钻井液罐、备用池和除气器等地方。

529. 对含硫化氢的井，临时安全区如何设置?

答：考虑季节风向。当风向不变时，两边的临时安全区都能使用。当风向发生 90° 变化时，则应有一个临时安全区可以使用。

530. 含硫化氢的井对风向标的设置有何要求?

答：(1) 设置在井场及周围的点上，一个风向标应挂在被正在工地上的人员以及任何临时安全区的人员都能容易地看得见的地方。

(2) 安装风向标的可能的位置是绷绳、工作现场周围的立柱、临时安全区、道路入口处、井架上、气防器材室等。

(3) 风向标应挂在有光照的地方。

531. 含硫化氢的井，测井车等辅助设备和机动车辆应距井口多远?

答：在 25m 以外。

532. 硫化氢可能聚集的地方如何驱散工作场所弥散的硫化氢?

答：安装防爆通风设备，如鼓风机或风扇。

533. 井场上哪些地方容易聚集硫化氢？

答：钻台上、井架底座周围、振动筛、液体罐等地方。

534. 钻入含硫油气层前，如何保证工作场所空气流通？

答：将机泵房、循环系统及二层台等处设置的防风护套和其他类似的围布拆除。寒冷地区在冬季施工时，对保温设施可采取相应的通风措施。

535. 井场内易产生引火源的设施及人员集中区域应如何布置？

答：宜部署在易排出或聚集天然气装置上风方向。

536. 对钻井液采取何种措施可以帮助金属抗硫化物应力腐蚀开裂？

答：(1) 在使用除硫剂时，应密切监测钻井液中除硫剂的残留量；

(2) 维持钻井液的 pH 值为 9.5 ~ 11，以避免发生能将硫化氢从钻井液中释放出来的可逆反应。

537. 简述用剪切全封闸板剪断井内钻杆或油管控制井口的操作程序。

答：(1) 在确保钻具接头不在剪切全封闸板防喷器剪切位置后，锁定钻机绞车刹车装置；

(2) 关闭剪切全封闸板防喷器以上的环形防喷器、管子闸板防喷器；

(3) 打开主放喷管线泄压；

(4) 在钻杆上（转盘面上）适当位置安装相应的钻杆死卡，用钢丝绳一与钻机连接固定牢固；

(5) 打开剪切全封闸板防喷器以下的管子闸板防喷器；

(6) 打开防喷器远程控制装置储能器旁通阀，关闭剪切

全封闸板防喷器，直到剪断井内钻杆或油管；

(7) 关闭全封闸板防喷器，控制井口；

(8) 手动锁紧全封闸板防喷器和剪切全封闸板防喷器；

(9) 关闭防喷器远程控制装置储能器旁通阀；

(10) 将远程控制装置的管汇压力调整至规定值。

538. 简述使用剪切全封闸板防喷器的安全注意事项。

答：(1) 钻井队应加强对防喷器远程控制装置的管理，绝不能因误操作而导致钻杆或油管的损坏或更严重的事故；

(2) 操作剪切全封闸板防喷器时，除防喷器远程控制装置操作人员外，其余人员全部撤至安全位置，同时按应急预案布置警戒、人员疏散、放喷点火及之后的应急处理工作；

(3) 处理事故剪切钻具或油管后的剪切闸板，应及时更换，不应再使用；

(4) 剪切全封闸板防喷器的日常检查、试压、维护保养，按全封闸板防喷器的要求执行。

539. 含硫油气田的井架大门应该如何摆放？

答：应面向上行风。

540. 含硫化氢的井要求放喷管线接处距井口多远？

答：距井口不少于100m。

541. 硫化氢含量达到多少应使用抗硫管材和工具？

答：硫化氢分压大于0.3kPa。

542. 封隔含硫油气层上部的非油气开采层时对套管下深有何要求？

答：套管鞋深度应大于非油气开采层底部深度100m以上。

543．钻开高含硫地层的设计钻井液密度应该如何取值？

答：安全附加密度在规定的范围内（油井 0.05 ~ 0.10g/cm³、气井 0.07 ~ 0.15g/cm³）时应取上限值；或附加井底压力在规定的范围内（油井 1.5 ~ 3.5MPa，气井 3 ~ 5MPa）时应取上限值。

544．钻开含硫油气层对家中钻井液有何要求？

答：应储备井筒容积 0.5 ~ 2 倍、密度值大于在用钻井液密度 0.1g/cm³ 以上的钻井液。

545．在钻开含硫地层前多少米，需要调整钻井液的 pH 值？

答：50m。

546．若井口压力有可能超过允许关井压力，需点火放喷时，井场应如何操作？

答：先点火后放喷。

547．在哪些情况下需按抢险作业程序对油气井井口实施点火？

答：井喷失控后，在人员的生命受到巨大威胁、人员撤离无望、失控井无希望得到控制的情况下。

548．油气井点火决策人宜由谁担任？

答：生产经营单位代表或其授权的现场总负责人。

549．井场对点火装置配备有何要求？

答：应配备自动点火装置，并备用手动点火器具。

550．点火人员在那个位置实施点火？

答：在上风方向，离火口距离不少于 10m 处点火。

551. 在哪些情况下需及时调整钻井液密度或压井，同时向有关部门汇报？

答：(1) 发现地层压力异常时；

(2) 发现溢流、井涌、井漏时。

552. 在含硫化氢的地层中取心作业有何要求？

答：(1) 在岩心筒到达地面以前至少10个立柱，或在达到安全临界浓度时，应立即戴上正压式空气呼吸器；

(2) 当岩心筒已经打开或当岩心已移走后，应使用移动式硫化氢监测设备来检查岩心筒。在确定大气中硫化氢浓度低于安全临界浓度之前，人员应继续使用正压式空气呼吸器；

(3) 在搬运和运输含有硫化氢的岩心样品时，应提高警惕。岩样盒应采用抗硫化氢的材料制作，并附上标签。

553. 在含硫化氢的地层中进行油气井测试作业有何要求？

答：(1) 只有经硫化氢防护培训合格的人员才能参与作业；

(2) 实施作业的主要人员数量应保持最低。作业过程中，应使用硫化氢监测设备来监测大气情况，正压式空气呼吸器应放在主要工作人员能迅速而方便取得的地方；

(3) 在开始作业前，应召开钻井及相关工作人员参加的特殊安全会议，并特别强调使用正压式空气呼吸器、急救程序及应急反应程序；

(4) 应在保证人员安全的条件下，排放和（或）燃烧所有产生的气体。对来自储存的测试液中的气体，也应安全地排放；

(5) 在处理已知或怀疑有硫化氢地层的液体样品过程

中，人员应保持警惕。处理和运输含硫化氢的样品时，应采取预防措施。样品容器应使用抗硫化氢的材料制成，并附上标签。

554. 在进行硫化氢防护演习，当报警器报警时，应采取哪些步骤？

答：(1) 所有必要人员都要戴上呼吸器，井队的 HSE 监督应检查管道空气系统上的呼吸空气供应阀，作业人员应按应急计划采取必要的措施；

(2) 如配备了鼓风机，要保证其工况良好；

(3) 保证至少两人在一起工作，禁止任何人单独出入 H_2S 污染区；

(4) 如果有不必要的人员在井场，他们须戴上呼吸器离开现场；

(5) 封锁井场大门，并派人巡逻。在大门口插上红旗，警告钻机附近有极度危险。

555. 发出硫化氢情况解除信号后，应进行哪些检查？

答：(1) 检查呼吸器空气软管等，并判断可能出现的故障，进行必要的整改；

(2) 给呼吸器充气，以供下次使用；检查有无故障或损坏，必要时进行维修和更换，呼吸器要存放在取用方便、卫生的地方；

(3) 检查 H_2S 传感和检测设备、发现故障及时整改；

(4) 用手提式检查仪检测低洼区、空气不通区，以及钻机周围有无 H_2S 聚集；

(5) 汇报各种 H_2S 检测设备、防护设备等有无破损情况。

556. 硫化氢防护演习记录包含哪些内容？

答：(1) 日期；

(2) 参加演习的作业班及人数；

(3) 演习内容的简单描述；

(4) 天气情况；

(5) 讲评情况；

(6) 注明队员的不规范操作和设备故障。

557. 简述制定应急预案的必要性。

答：(1) 制定应急预案是国家法律、法规的要求；

(2) 制定应急预案是减少事故中人员伤亡和财产损失的需要；

(3) 制定应急预案是事故预防和救援的需要；

(4) 制定应急预案是实现本质安全管理的需要；

(5) 通过应急预案的编制，可以发现预案系统的缺陷，更好地促进事故预防工作。

558. 应急预案主要包括哪些内容？

答：(1) 应急组织机构和职责；

(2) 参与应急工作人员的岗位和职责；

(3) 环境调查；

(4) 应急资源（人力、物资、设备、器材）准备（含外部资源）；

(5) 应急演练、评估与应急预案修订；

(6) 紧急情况报告程序；

(7) 信息搜集与发布；

(8) 应急响应、实施和终止（包括人员撤离程序和点火程序）；

(9) 事故调查与处理。

559. 钻井队的应急预案应增加哪些内容？

答：(1) 应急设备及设施布置图；

(2) 井场警戒点的设置及警戒人员的职责；

(3) 人员救护措施；

(4) 井场及营区逃生路线图和简易交通图；

(5) 周边情况的信息搜集及联系电话。

560. 基层队应急机构由哪些人员组成？

答：队长、副队长、技术员、大班及司钻。

561. 制定应急预案有何要求？

答：(1) 制定预案必须以科学的态度，在全面调查的基础上，实行领导与专家相结合的方式，开展科学分析和论证，制定出严密、统一、完整的事故应急预案。

(2) 应符合当地的客观情况，具有便于操作、能迅速控制事故的作用。

(3) 应急预案制定或修订后，应经本级安全生产第一责任人审批，并报上一级部门批准后才能实施，并到相应的部门备案，保证预案具有一定的权威性和法律保证。

562. 钻井队制定应急预案的程序是什么？

答：评估可能的危害程度→确定危害区域→准备应急预案初稿→取得当地政府认可和支持→主管领导组织专家和有关部门审查批准→根据预案进行人员培训和演练。

563. 应急预案演练的目的是什么？

答：(1) 检验应急组织机构的应急指挥能力；

(2) 检查应急队伍在发生各种紧急情况时的应急响应能力及他们之间的协调程度；

(3) 一次全面的应急抢险救援演练，可以全面提高应急响应能力和抢险救援技术；

（4）演练中发现预案存在的问题，通过演练后的评审，可以提出改进建议。

564. 事故应急演练分为哪两类？

答：事故应急演练分为室内演练（桌面演练）和现场演练两类。

565. 事故应急演练根据任务、要求和规模分为哪三种？

答：事故应急演练根据任务、要求和规模分为单项演练、部分演练、综合演练三种。

参 考 文 献

[1]《石油天然气钻井井控》编写组.石油天然气钻井井控.北京：石油工业出版社，2008.

[2] 孙振纯.井控技术.北京：石油工业出版社，1997.

[3] 孙振纯.井控设备.北京：石油工业出版社，1997.

[4] 集团公司井控培训教材编写组.钻井井控工艺技术.东营：中国石油大学出版社，2008.

[5] 集团公司井控培训教材编写组.钻井井控设备.东营：中国石油大学出版社，2008.

[6] 李强.钻井作业硫化氢防护.北京：石油工业出版社，2006.